"十三五"职业教育国家规划教材

计算机文化基础实训指导

第三版

新世纪高职高专教材编审委员会 组编
主　编　柏世兵　陈小莉
副主编　赖伟科　曹　勇
　　　　赵友贵　倪丽珺

大连理工大学出版社

图书在版编目(CIP)数据

计算机文化基础实训指导 / 柏世兵，陈小莉主编. -- 3 版. -- 大连：大连理工大学出版社，2021.8
新世纪高职高专计算机应用技术专业系列规划教材
ISBN 978-7-5685-3105-4

Ⅰ. ①计… Ⅱ. ①柏… ②陈… Ⅲ. ①电子计算机－高等职业教育－教学参考资料 Ⅳ. ①TP3

中国版本图书馆 CIP 数据核字(2021)第 138206 号

大连理工大学出版社出版

地址：大连市软件园路 80 号　邮政编码：116023
发行：0411-84708842　邮购：0411-84708943　传真：0411-84701466
E-mail：dutp@dutp.cn　URL：http://dutp.dlut.edu.cn
辽宁星海彩色印刷有限公司印刷　大连理工大学出版社发行

幅面尺寸：185mm×260mm　　印张：12.5　　字数：287 千字
2014 年 7 月第 1 版　　　　　　　　　　2021 年 8 月第 3 版
2021 年 8 月第 1 次印刷

责任编辑：李　红　　　　　　　　　　责任校对：马　双
封面设计：张　莹

ISBN 978-7-5685-3105-4　　　　　　　　定　价：39.80 元

本书如有印装质量问题，请与我社发行部联系更换。

前　言

《计算机文化基础实训指导》(第三版)是"十三五"职业教育国家规划教材,也是新世纪高职高专教材编审委员会组编的计算机应用技术专业系列规划教材之一。

目前,在院校使用的"计算机应用基础""计算机应用基础实训指导"教材的种类很多,归纳起来大致分为两类:一类仍按传统的计算机文化基础课程的编写体系来组编教材,以知识为序进行讲解,理论与实践分开教学;另一类采用案例式教学,以完成某个案例为目标,将知识、技能融入教学中,采用理论与实践相结合方式,但这种方式也存在一定的缺陷,即案例之间缺乏关联,并与工作岗位融合度不够。

编写思路

与企业合作,基于工作过程,以项目、任务为导向,理论与实践相结合。

编写形式

本教材与传统的以知识点为核心的模式不同,并非简单地对功能和操作进行罗列,而是以行业(微软信息化应用能力)认证为核心,"基于工作过程"选取项目、工作任务,以项目选定章节,在涵盖所需掌握知识、技能(包括新知识、新技术)的同时,重点强调实用,注重实例操作,同时培育读者的"工匠精神"。

内容简介

本教材分为 6 个项目,主要包括:了解计算机、Windows 7 操作系统及应用、Word 2016 软件应用、Excel 2016 软件应用、PowerPoint 2016 软件应用、计算机网络应用。将计算机基础知识、Windows 7 操作系统、Office 2016、计算机网络应用等贯穿于 6 个项目中,每个项目由项目分析、项目描述、实施步骤、巩固提高、知识拓展、习题练习组成,在操作中穿插"知识小贴士"的提示,着重引导读者进行模仿实践及创新实践,以便更好地完成工作任务。

适用范围

本教材可作为本科院校、高职高专学校、成人高等学校及其举办的二级职业技术学院的计算机公共基础课程教材,也可作为全国计算机等级考试及各类计算机培训班的培训教材和自学参考书。

编写团队

本教材的编写人员由行业一线的技术人员和各高校教学一线的教师构成,形成了一支不仅具有丰富的理论知识,而且具有丰富的行业从业经验的编写队伍。因此本教材中融合了大量实际成品和实际工作中所积累的项目案例,为高技能应用型人才培养奠定了基础。

本教材由重庆工程学院柏世兵、陈小莉任主编,广州华商职业学院赖伟科、重庆城市职业学院曹勇、重庆工程学院赵友贵、倪丽珺任副主编,重庆海王星网络有限公司王宏波、联想售后服务工程师黄焱森参与了教材编写。具体编写分工如下:王宏波、黄焱森编写了项目1,赵友贵、倪丽珺编写了项目2,柏世兵编写了项目3,赖伟科编写了项目4,陈小莉编写项目5,曹勇编写了项目6。

在编写本教材的过程中,编者参阅了大量文献,并引用了同类文献中的一些资料,在此谨向有关作者表示感谢!

在编写过程中,我们始终本着科学、严谨的态度,力求精益求精,但错误、疏漏之处在所难免,敬请各位读者批评指正。同时,还要感谢那些为实现共同目标做出努力、做出贡献的同仁们!

编 者

2021 年 8 月

所有意见和建议请发往:dutpgz@163.com
欢迎访问职教数字化服务平台:http://sve.dutpbook.com
联系电话:0411-84707492　84706104

目 录

项目 1　了解计算机 ·· 1
　任务 1-1　认识与选购计算机 ··· 1
　任务 1-2　使用计算机的正确姿势及指法练习 ···································· 6
　任务 1-3　常见杀毒软件应用 ··· 9
项目 2　Windows 7 操作系统及应用 ··· 14
　任务 2-1　Windows 7 基本操作 ·· 14
　任务 2-2　Windows 7 文件及文件夹管理 ·· 33
　任务 2-3　Windows 7 控制面板与附件 ··· 41
项目 3　Word 2016 软件应用 ··· 47
　任务 3-1　Word 文档的基本操作 ··· 47
　任务 3-2　Word 文档图文混排操作 ·· 56
　任务 3-3　创建与编辑表格 ··· 67
　任务 3-4　长文档编排 ··· 77
　任务 3-5　邮件合并 ·· 88
项目 4　Excel 2016 软件应用 ··· 96
　任务 4-1　Excel 工作表的基本操作 ·· 96
　任务 4-2　Excel 工作表的格式 ·· 104
　任务 4-3　Excel 的公式和函数 ·· 110
　任务 4-4　Excel 数据的处理 ··· 121
　任务 4-5　Excel 的图表 ··· 130
项目 5　PowerPoint 2016 软件应用 ··· 138
　任务 5-1　幻灯片母版制作 ··· 138
　任务 5-2　演示文稿基本操作 ·· 147
　任务 5-3　设置幻灯片切换及动画效果 ·· 161
项目 6　计算机网络应用 ·· 168
　任务 6-1　网络配置与网络资源共享设置 ······································· 168
　任务 6-2　IE 浏览器的设置与使用 ··· 185
参考文献 ·· 192

微课堂索引

序号	微课名称	页码
1	目录制作	85
2	邮件合并	88
3	图标集	109
4	排名	115
5	COUNTA 函数应用	118
6	VLOOKUP 函数应用	119
7	数据有效性	123
8	分类汇总	126
9	数据透视	127
10	迷你型图表	131
11	动画设置	163
12	IE 浏览器设置	186

项目 1
了解计算机

通过主教材所讲述的知识,我们知道计算机硬件系统按照冯·诺伊曼计算机体系结构,由输入设备、运算器、控制器、存储器、输出设备构成;计算机软件系统由系统软件和应用软件构成。计算机硬件与软件直接决定计算机整机性能,怎么提高计算机性能呢?这就是本项目所要解决的问题。

任务 1-1 认识与选购计算机

实训目的

1. 熟悉计算机的硬件系统。
2. 了解个人计算机主要硬件的性能参数。
3. 能选购个人计算机。
4. 了解计算机常用软件。

实训内容

进行计算机主要硬件知识,选购个人计算机,熟悉计算机常用软件。

实训要求

1. 认识计算机主要硬件。
2. 查看、了解计算机主要硬件性能参数。
3. 了解个人计算机配置。
4. 认识计算机常用软件。

实训操作步骤

1. 认识计算机主要硬件

（1）CPU

CPU（Central Processing Unit，中央处理器），由运算器、控制器、寄存器组和内部总线等构成，是决定计算机处理性能的核心部件之一。负责处理、运算计算机内部所有的数据，如图1-1所示。

(a) CPU 正面（引脚）　　(b) CPU 背面（标记）

图1-1　CPU

（2）存储器

存储器分为内存储器（内存，Memory）和外存储器，外存储器主要是指机械硬盘（Hard Disk Drive，HDD）、固态硬盘（Solid State Drive，SSD）和U盘等。内存条、机械硬盘和固态硬盘如图1-2所示。

(a) 内存条　　(b) 机械硬盘　　(c) 固态硬盘

图1-2　存储器

（3）输入设备

计算机主要的输入设备有键盘、鼠标、摄像头等，如图1-3所示。

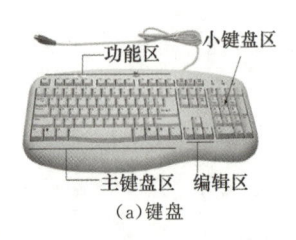

(a) 键盘　　(b) 鼠标　　(c) 摄像头

图1-3　输入设备

（4）输出设备

计算机主要的输出设备有显示器、打印机、音箱等，如图1-4所示。

(a)显示器　　　　　(b)打印机　　　　　(c)音箱

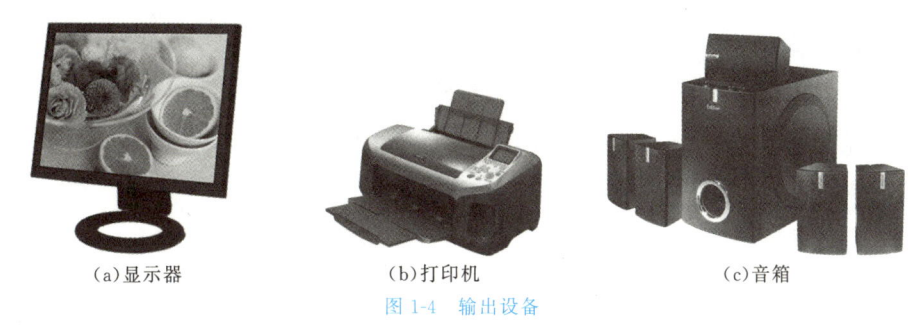

图 1-4　输出设备

(5)计算机其他主要部件

主板、电源、机箱、显卡如图 1-5 所示。

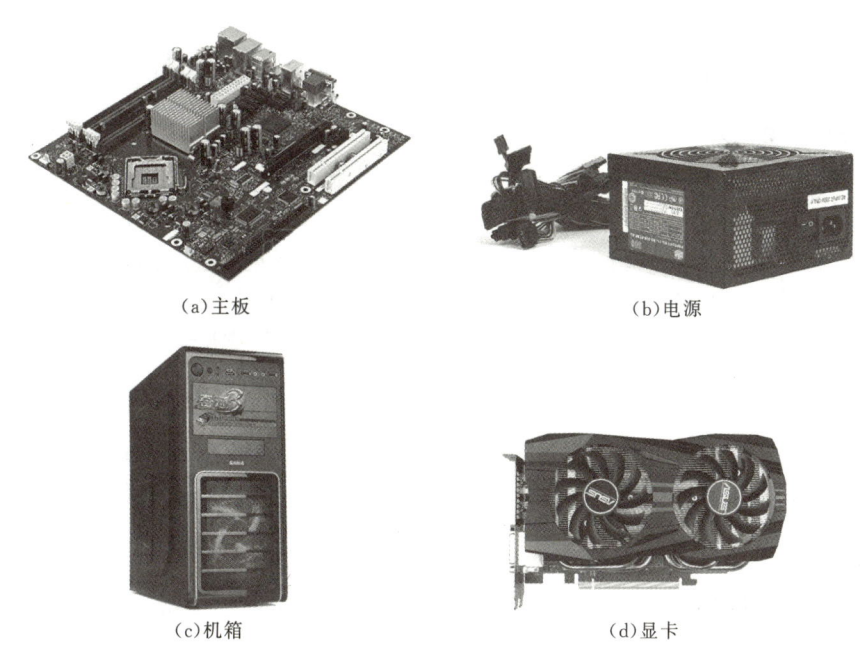

(a)主板　　　　　　　　　　(b)电源

(c)机箱　　　　　　　　　　(d)显卡

图 1-5　主板、电源、机箱、显卡

2.查看、了解计算机主要硬件性能参数

(1)CPU 参数,以 Intel 酷睿 i7 10700K 为例,参数如图 1-6 所示。

适用机型：台式计算机	CPU 主频：3.8 GHz
CPU 系列：酷睿 i7 10 代系列	最高睿频：5.1 GHz
制作工艺：14 nm	核心与线程数：8 核心十六线程
插槽类型：LGA 1200	三级缓存：16 MB
支持最大内存：128 GB	热设计功耗：125 W

图 1-6　CPU 参考参数

CPU 的主要性能指标有 CPU 主频、核心与线程数等,它们的参数越优化,性能越好。

知识小贴士

CPU 类型应与主板上的 CPU 插槽相匹配,否则无法安装使用。

(2) 内存参数,以金士顿骇客神条 FURY 16GB DDR4 3200 为例,参数如图 1-7 所示。

适用机型:台式计算机	内存主频:3 200 MHz
内存容量:16 GB	针脚数:288 pin
容量描述:单条(16 GB)	工作电压:1.2 V
内存类型:DDR4	CL 延迟:18 ns

图 1-7 内存参考参数

内存的主要参数要看内存容量、内存类型、内存主频等。

知识小贴士

内存的类型应与主板支持的内存类型相匹配,否则无法安装使用。

(3) 主板参数,以华硕 ROG STRIX Z490-A GAMING 为例,如图 1-8 所示。

主芯片组:Intel Z490	USB 接口:2×USB 3.2 Gen2 接口
CPU 插槽:LGA 1200	(1×Type-A+USB Type-C)
CPU 类型:第十代 Core/Pentium/Celeron	音频芯片:集成 ROG SupremeFX 8 声道
内存类型:4×DDR4 DIMM	音效芯片
最大内容容量:128 GB	网卡芯片:板载 Intel I225-V 千兆网卡
主板类型:ATX 板型	

图 1-8 主板参考参数

主板的主要参数有主芯片组、CPU 类型、内存类型、CPU 插槽和各种接口。

(4) 硬盘参数,以希捷 BarraCuda ST2000DM008 为例,参数如图 1-9 所示。

适用机型:台式计算机	硬盘尺寸:3.5 英寸
硬盘容量:2 000 GB	盘片数量:2 片
转速:7 200 r/min	缓存:256 MB
接口类型:SATA 3.0	

图 1-9 硬盘参考参数

硬盘的主要参数有硬盘容量、转速、接口类型及缓存等。

(5) 显卡参数,以七彩虹 iGame GeForce GTX 1660 Ultra 6GB 为例,参数如图 1-10 所示。

适用机型:台式计算机	显存类型:GDDR5
显卡芯片:GeForce GTX 1660	最大分辨率:7 680×4 320
显示芯片系列:NVIDIA GTX 16 系列	接口类型:PCI Express 3.0 16X
显存容量:6 GB	I/O 接口:1×HDMI 接口,1×DVI 接口,
显存位宽:192 bit	1×DisplayPort 接口
显存频率:8 000 MHz	核心频率:Base:1 530 MHz

图 1-10 显卡参考参数

显卡的主要参数有显卡芯片、显存容量、显存位宽及核心频率等。

知识小贴士

以上主要硬件参数均为台式计算机主要硬件参数。

3.个人计算机配置

根据自己的需求,选购适合的计算机,并考虑价格和将来的扩充性。

个人计算机配置可填入表1-1中。

表1-1　　　　　　　　　　个人计算机配置

品名	规格型号	参数	数量	单价	小计
CPU *					
主板 *					
内存 *					
硬盘 *					
固态硬盘					
显卡					
机箱					
电源					
散热器					
显示器					
鼠标					
键盘					
音箱					
打印机					
其他配件					
合计					

* 号为必选设备。

知识小贴士

初次配置计算机应多去市场调研,多问多看,也可以在网上利用软件进行模拟配置,如当前主流的ZOL模拟攒机等。

4.认识计算机常用软件

系统软件(操作系统):Windows 7、Windows 8、Windows 10(微软最新操作系统)。

应用软件:Office、金山打字通、金山毒霸。

巩固与提高练习

1. 下列设备中属于输出设备的是_____。
   A.键盘　　　　　　B.鼠标　　　　　　C.扫描仪　　　　　　D.显示器
2. 声卡不具有_____功能。
   A.数字音频　　　　B.文字处理　　　　C.MIDI音频　　　　D.音乐合成
3. 下列设备中属于输出设备的是_____。
   A.图形扫描仪　　　B.打印机　　　　　C.激光笔　　　　　　D.条形码阅读器

任务 1-2　使用计算机的正确姿势及指法练习

实训目的

1. 掌握正确使用计算机的姿势。
2. 通过练习熟悉指法。

实训内容

1. 使用计算机练习正确使用计算机的姿势。
2. 用金山打字软件练习指法。

实训要求

1. 在计算机面前调整好自己的坐姿、座位高度。
2. 使用金山打字软件正确使用指法。

实训操作步骤

1. 掌握正确使用计算机的姿势

（1）眼睛与显示器顶部平行，这样就不会总是低头或仰头看显示器，可以缓解颈部疲劳。

（2）显示器与键盘位于身体的正前方，资料夹与显示器和键盘托中心平行。

（3）上半身应保持颈部直立，使头部获得支撑，两肩自然下垂，上臂贴近身体，手肘弯曲呈90°，操作键盘或鼠标，尽量使手腕保持水平姿势，手掌中线与前臂中线应保持在一条直线上。

(4)腰部要保持挺直,靠紧椅背,必要时可用软垫支撑腰部,以减少肌肉疲劳。

(5)膝盖自然弯曲呈90°,脚底要有脚踏支撑,以缓解腿部压力,不要交叉双脚,以免影响血液循环。

(6)座椅最好使用可以调节高度的椅子,并且可以灵活移动,保证有足够空间用来活动双脚。

(7)避免长久静坐姿势,应在稍息时间转变姿势,缓解疲劳。

2.指法练习

步骤1　安装好"金山打字通2016"软件后,选择"开始"|"程序"|"金山打字通"程序或直接双击"金山打字通2016"桌面快捷图标,打开"金山打字通2016"主界面,如图1-11所示。

图1-11　"金山打字通2016"主界面

步骤2　在金山打字通主界面单击"新手入门"图标,根据系统提示输入"昵称"后单击"下一步"按钮,系统自动进入新手入门练习界面,如图1-12所示。

图1-12　金山打字通新手入门练习界面

> **知识小贴士**
>
> 安装好金山打字通软件后,初次启动,需根据系统提示进行注册后才能进入系统。

步骤 3 在新手入门练习界面单击"打字常识"图标,进入手指分工学习界面,如图 1-13 所示。

图 1-13 手指分工学习界面

步骤 4 通过"新手入门"模块练习后,就可以进入"英文打字""拼音打字""五笔打字"模块进行指法练习。

步骤 5 "拼音打字"模块练习界面如图 1-14 所示,界面上方是随机给出的练习题目,中间是键盘图形,以不同的颜色提示用户按哪一个键;当输入错误时,输错的内容将以红色显示;界面下方是时间、速度、进度、正确率提示。

图 1-14 "拼音打字"模块练习界面

步骤 6 如果要进行测试,可单击主界面右下方的"打字测试"图标,即可进行打字测试。也可以选择"打字教程""打字游戏",训练指法。

巩固与提高练习

用自己最熟悉的输入法在文本文档中录入以下内容：

(1)计算机于1946年问世，我们认为计算机产生的根本动力是人们为了创造更多的物质财富，是为了把人的大脑延伸，让人的潜力得到更大的发展。正如汽车的发明是使人的双腿延伸一样，计算机的发明事实上是对人脑智力的继承和延伸。近十年来，计算机的应用已经深入社会的各个领域，如管理、办公自动化等。由于计算机日益向智能化发展，人们干脆把微型计算机称之为"电脑"了。

(2)虽然行业优势公司巨大的资源使它能很快地进行大规模的研究开发和发布广告阶段，赶上早期的通道进入PC市场。然而，由于PC市场中大量公司生产的产品可以被兼容，而且顾客对计算机的功能特别是价格十分敏感，因此在PC市场上，优势公司不能够完全锁定它们，所以创造活动要有重点，因为PC市场的质量系数是高的，而专业市场份额系数是低的。

任务 1-3　常见杀毒软件应用

实训目的

1. 了解计算机病毒的防范。
2. 掌握常见杀毒软件的应用。
3. 能对计算机进行扫毒、杀毒操作。

实训内容

对计算机进行扫毒、杀毒操作。

实训要求

1. 用金山毒霸软件扫描计算机。
2. 使用金山毒霸软件进行杀毒。

实训操作步骤

步骤1　安装好金山毒霸软件后，选择"开始"|"程序"|"金山毒霸"程序或直接双击"金山毒霸"桌面快捷图标，打开金山毒霸主界面，如图1-15所示。

图 1-15　金山毒霸主界面

> **知识小贴士**
>
> 目前，国内比较流行的杀毒软件有金山毒霸、360杀毒、瑞星、江民杀毒、卡巴斯基等，本项目以金山毒霸软件应用为例介绍病毒软件的使用。

步骤 2　在金山毒霸主界面中除了常规病毒查杀、防范外，在百宝箱中还有计算机安全方面的其他工具软件，如图 1-16 所示。

图 1-16　百宝箱

步骤 3　在金山毒霸主界面中单击"闪电查杀"选项,杀毒软件进入杀毒界面进行病毒"查杀",如图 1-17 所示。

图 1-17　金山毒霸"闪电查杀"界面

步骤 4　除了"闪电查杀"病毒外,还可以通过主界面中的"全面扫描"综合查看计算机运行情况,如图 1-18 所示。在扫描过程中可以暂停、停止扫描。

图 1-18　金山毒霸"全面扫描"界面

步骤 5　扫描完成后,通过查看金山毒霸扫描结果,可以看到病毒信息,包括病毒的位置、名称、类型等,如图 1-19 所示。

图 1-19　金山毒霸扫描结果界面

步骤 6　根据扫描结果,如果查到病毒,单击"一键修复"按钮,即可对查到的病毒进行处理,如图 1-20 所示。

图 1-20　金山毒霸处理病毒完成界面

知识小贴士

(1)金山毒霸在扫描病毒时,同时也在扫描计算机系统漏洞,如发现系统存在漏洞,也会在扫描结果中提醒用户,单击"立即修复漏洞"按钮即可完成修复。

(2)金山毒霸除了可以对计算机硬盘扫描、杀毒,还可以对 U 盘等移动存储设备查毒、杀毒。

巩固与提高练习

1. 发现计算机病毒后,比较彻底的清除方式是_____。
   A. 用杀毒软件处理　　　　　　B. 删除磁盘文件
   C. 重新启动计算机　　　　　　D. 格式化磁盘
2. 下列有关预防计算机病毒的做法或想法,错误的叙述是_____。
   A. 在开机工作时,特别是在浏览互联网时,一要打开个人防火墙,二要打开杀毒软件的实时监控
   B. 打开以前接收过电子邮件的朋友发送的电子邮件绝对不会有问题
   C. 要定期备份重要的数据文件
   D. 要定期用杀毒软件对计算机系统进行检测
3. 关于计算机病毒的叙述,正确的选项是_____。
   A. 计算机病毒只感染.exe或.com文件
   B. 计算机病毒可以通过读写U盘、光盘或Internet网络进行传播
   C. 计算机病毒是通过电力网进行传播的
   D. 计算机病毒是由于磁盘表面不清洁而造成的
4. 计算机病毒是指_____。
   A. 标志有错误的程序
   B. 设计不完善的程序
   C. 以危害系统为目的的特殊程序
   D. 已被破坏的程序
5. 下列软件中,不属于杀毒软件的是_____。
   A. 金山毒霸　　　　　　　　　B. 诺顿
   C. 瑞星　　　　　　　　　　　D. Outlook Express

项目 2
Windows 7 操作系统及应用

本项目是指导初学者学习 Windows 7 操作系统的各项操作。本项目包括了 Windows 7 基本操作、Windows 7 文件及文件夹管理、Windows 7 控制面板与附件这三大任务，通过这些任务的学习，初学者将学会 Windows 7 基本操作、个性化设置、文件管理、软/硬件管理、附件工具等知识。

任务 2-1　Windows 7 基本操作

实训目的

1. 熟悉 Windows 7 的启动、关闭与睡眠过程。
2. 掌握 Windows 7 桌面元素的使用。
3. 掌握窗口的基本操作。
4. 掌握任务栏和"开始"菜单的设置与使用。
5. 掌握帮助中心的使用。

实训内容

1. 对 Windows 7 的启动、关闭和睡眠操作。
2. 实现桌面元素的操作。
3. 任务栏和"开始"菜单的设置。
4. 更改桌面的外观和主题。
5. 实现桌面个性化设置。

实训要求

1.启动、关闭和睡眠计算机。
2.对桌面元素进行设置。
(1)桌面对象图标的选择、移动、重命名、删除和添加,并管理桌面窗口。
(2)以不同的方式排列图标。
(3)窗口间的切换和排列方式。
(4)利用系统帮助功能。
3.任务栏和"开始"菜单的设置。
(1)对任务栏上的时钟进行查看、修改,并添加和查看附加时钟。
(2)调整任务栏的位置和宽度,设置任务栏自动隐藏或显示,自定义任务栏图标。
(3)将"开始"菜单中电源按钮改为"睡眠",并在"开始"菜单中添加、删除项目。
(4)在桌面上建立"记事本"应用程序的快捷方式并删除。
4.对桌面进行个性化设置。
(1)修改桌面背景并添加小工具。
(2)设置屏幕保护程序。
(3)设置并保存主题。
(4)设置文本的显示效果。
(5)设置屏幕分辨率和屏幕刷新频率。

实训操作步骤

1.Windows 7 的启动、关闭和睡眠

(1)开机启动 Windows 7
启动 Windows 7 操作系统的步骤如下:
步骤 1 依次打开外部设备的电源开关和主机电源开关。
步骤 2 在启动过程中,Windows 7 会自动进行自检、初始化硬件设备,如果系统正常运行,则无须进行其他任何操作。
步骤 3 进入 Windows 7 后,首先出现登录界面,中间列出已建立的所有用户账号,并且每个用户账号都配有一个图标,单击相应的用户图标,如果设置了用户密码,则在"密码"文本框中输入密码,然后按 Enter 键,即可登录 Windows 7 操作系统。

(2)关机退出 Windows 7
步骤 1 单击 Windows 7 工作界面左下角的"开始"按钮。
步骤 2 弹出"开始"菜单,单击右下角的"关机"按钮,计算机在自动保存文件和设置后将退出 Windows 7。
步骤 3 关闭显示器及其他外部设备的电源。

(3)进入睡眠状态
步骤 1 单击 Windows 7 工作界面左下角的"开始"按钮,弹出"开始"菜单,单击右下

角"关机"按钮右侧的按钮,然后在弹出的菜单列表中选择"睡眠"命令,即可使计算机进入睡眠状态。

步骤 2 睡眠状态时,Windows 7 会自动保存当前打开的文档和程序中的数据,并且使 CPU、硬盘和光驱等设备处于低能耗状态,从而达到节能省电的目的,单击鼠标或敲击键盘上的任意按键,计算机就会恢复到进入"睡眠"前的工作状态。

2.桌面及窗口的基本操作

(1)移动图标

启动 Windows 7 操作系统,单击桌面上"计算机"图标,确保"计算机"图标处于选中状态,按住鼠标左键将其拖动到桌面的不同位置。

(2)重命名

步骤 1 单击选中任一文件夹图标,右击,在弹出的快捷菜单中选择"重命名"命令,图标名称为反相显示,输入 Computer,再按 Enter 键即可实现图标名称的更改。

步骤 2 用户也可以先选中文件夹图标,再次单击文件夹图标,也可以进入重命名状态。切记是两次单击图标而不是一次双击,要注意鼠标单击操作的间隔时间。若是双击鼠标,则可打开文件夹窗口。

有些系统图标不可以重命名,如"回收站"。

(3)更改桌面排列方式

在桌面空白位置右击,在弹出的快捷菜单中选择"排序方式"|"项目类型"命令,桌面上的图标则按照文件类型排列。

(4)删除图标

在"网络"图标上右击,在弹出的快捷菜单中选择"删除"命令,或将鼠标光标移到"网络"图标上,按住鼠标左键不放,将该图标拖动至"回收站"图标上,释放鼠标左键,在打开的"确认删除"对话框中单击"是"按钮,如图 2-1 所示。

(5)添加系统图标并管理桌面窗口

步骤 1 在桌面空白处右击,在弹出的快捷菜单中选择"个性化"命令,如图 2-2 所示。

图 2-1 "确认删除"对话框　　　　图 2-2 "个性化"命令

步骤 2 打开"个性化"窗口,单击导航窗格中的"更改桌面图标"超链接,如图 2-3 所示。

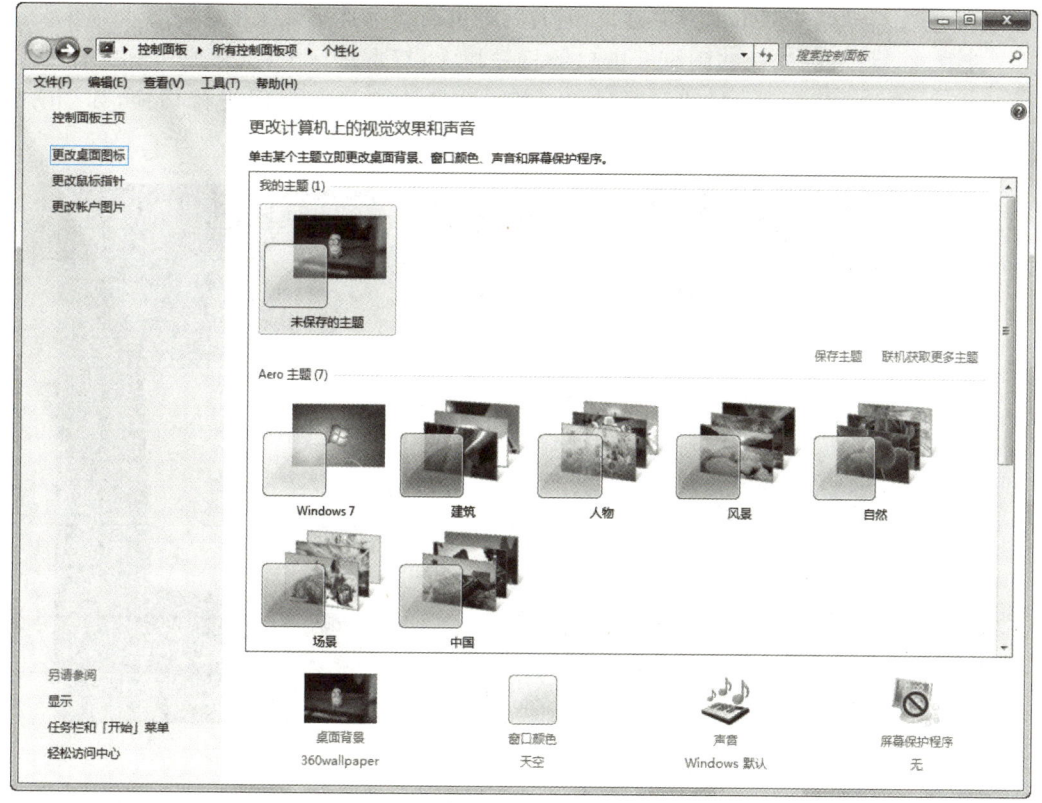

图 2-3 个性化设置

步骤 3 打开"桌面图标设置"对话框,勾选"桌面图标"栏中所有的复选框,然后单击"确定"按钮,如图 2-4 所示。

图 2-4 "桌面图标设置"对话框

步骤 4 返回到桌面,双击桌面不同的系统图标,打开"计算机"、"用户的文件夹"、"回收站"和"控制面板"等窗口,然后将鼠标光标移到打开窗口的标题栏上,当鼠标光标变为"上下箭头"形状时,双击鼠标左键,让所有打开的窗口垂直于桌面显示。

步骤 5 将鼠标光标移到打开窗口的标题栏上,双击鼠标左键,还原所有打开的窗口,然后在按住 Windows 键的同时按 Tab 键,依次在这些窗口间进行切换,如图 2-5 所示。

图 2-5 切换窗口

步骤 6 关闭以上所有文件夹,打开 C 盘、D 盘和 E 盘文件夹,单击三个窗口的"最小化"按钮,再将鼠标光标移到任务栏中的窗口按钮上,可弹出预览窗口,如图 2-6 所示。单击各窗口缩略图可打开相应的窗口。

图 2-6 预览窗口

步骤 7 关闭以上窗口,重新打开四个窗口,在任务栏的空白处右击,在弹出的快捷菜单中选择"并排显示窗口"命令,将打开的所有窗口以"并排显示窗口"方式排列,如图 2-7 所示。

步骤 8 将鼠标光标移到任务栏中的按钮上,右击,在弹出的快捷菜单中选择"关闭所有窗口"命令。

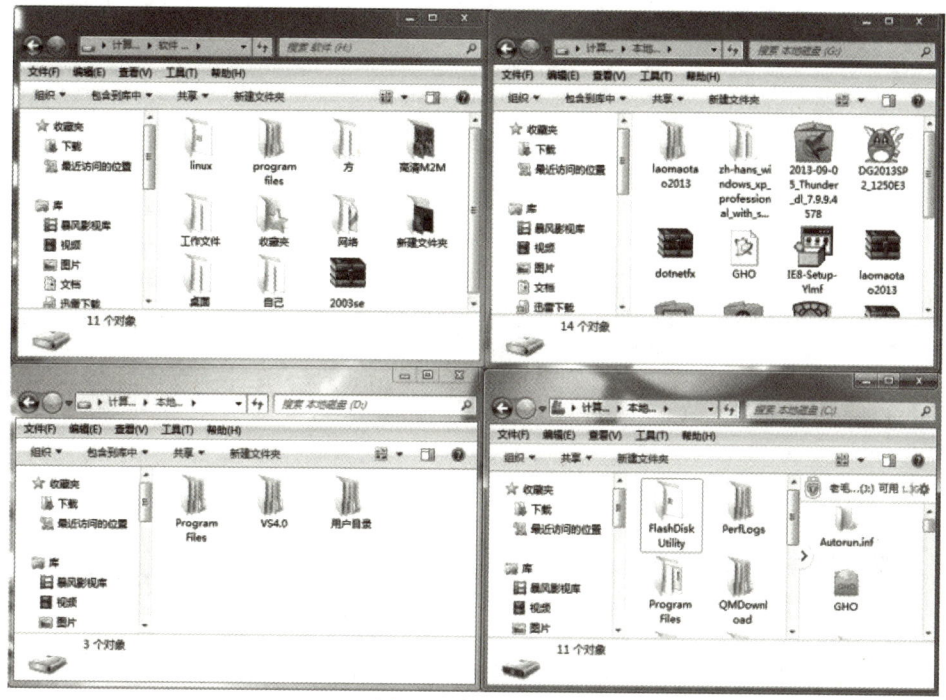

图 2-7　并排显示窗口

(6) 搜索"睡眠"功能的帮助信息

步骤 1　单击"开始"按钮，弹出"开始"菜单，选择系统控制区的"帮助和支持"命令，打开"Windows 帮助和支持"窗口，如图 2-8 所示。

图 2-8　"Windows 帮助和支持"窗口

步骤 2　在"搜索帮助"搜索框中输入"睡眠"，按 Enter 键，搜索"睡眠"功能的帮助内容，如图 2-9 所示。

图 2-9 "睡眠"功能的帮助内容

步骤 3 在搜索结果列表中单击"正确关闭计算机"超链接,打开"正确关闭计算机"界面,如图 2-10 所示。

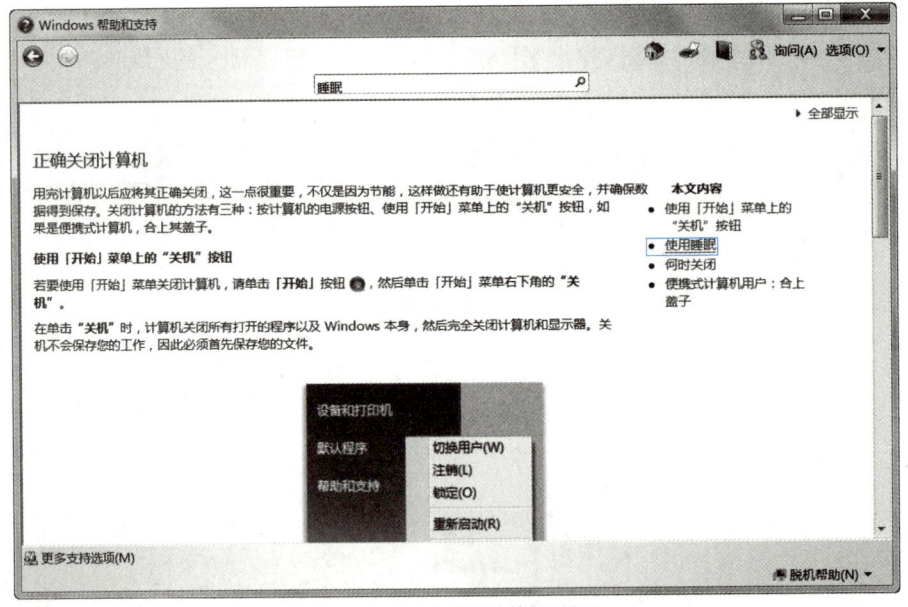

图 2-10 "正确关闭计算机"界面

步骤 4 单击右侧的"使用睡眠"超链接,或者滑动该界面右侧的滚动条查看"使用睡眠"功能的内容。查看完帮助信息后,单击右上角的"关闭"按钮,关闭该界面。

3.任务栏和"开始"菜单的设置

(1)修改系统时钟

步骤1 将鼠标光标移到任务栏中显示日期和时间的按钮上,右击,在弹出的快捷菜单中选择"调整时间/日期"命令,打开"日期和时间"对话框,选择"日期和时间"选项卡,如图2-11所示。

图2-11 "日期和时间"对话框

步骤2 单击"更改日期和时间"按钮,打开"日期和时间设置"对话框,在"时间"数值框中调整时间,然后在"日期"列表中选择日期,单击"确定"按钮。

步骤3 返回"日期和时间"对话框,选择"Internet 时间"选项卡,单击"更改设置"按钮,如图2-12所示。打开"Internet 时间设置"对话框,单击"立即更新"按钮,如图2-13所示,将时间设置与 Internet 时间同步,单击"确定"按钮。

图2-12 "Internet 时间"选项卡

图2-13 "Internet 时间设置"对话框

步骤 4 返回"日期和时间"对话框,单击"确定"按钮,完成设置。

(2)添加附加时钟

步骤 1 参考前面的知识点打开"日期和时间"对话框。

步骤 2 切换至"附加时钟"选项卡,勾选两个"显示此时钟"复选框,在两个"选择时区"下分别选择"(UTC-08:00)太平洋时间(美国和加拿大)"和"(UTC-12:00)国际日期变更线西"选项,在两个"输入显示名称"文本框中分别输入"美国"和"变更线西"文本内容,如图 2-14 所示,单击"确定"按钮。

图 2-14 "附加时钟"选项卡

步骤 3 返回桌面,将鼠标光标移到任务栏通知区域显示出本地时间、美国时间和变更线西时间,如图 2-15 所示。用鼠标单击日期和时间对应的按钮,系统自动弹出显示附加时钟的界面,如图 2-16 所示。

图 2-15 三种时间表

图 2-16 附加时钟的界面

(3)任务栏操作

步骤 1 在任务栏的空白处右击,在弹出的快捷菜单中选择"属性"命令,打开"任务栏和「开始」菜单属性"对话框,在"任务栏"选项卡中取消勾选"锁定任务栏"即可取消对任务栏的锁定操作。如图 2-17 所示。

步骤 2 在"屏幕上的任务栏位置"下拉列表中选择所需选项,这里选择"左侧"选项,设置完成后单击"确定"按钮,如图 2-18 所示,完成调整任务栏位置的设置。

图 2-17 "任务栏和「开始」菜单属性"对话框

图 2-18 调整任务栏位置

步骤 3 将鼠标指针移到任务栏的边缘,鼠标指针变成双向箭头时,按住鼠标左键不放,拖动鼠标改变任务栏的宽度。

步骤 4 在任务栏的空白处右击,在弹出的快捷菜单中选择"属性"命令,打开"任务栏和「开始」菜单属性"对话框,在"任务栏"选项卡中单击选中"自动隐藏任务栏"复选框,如图 2-19 所示,单击"确定"按钮,设置自动隐藏任务栏。

(4)自定义任务栏图标

步骤 1 将鼠标指针移到通知区域的"日期和时间"图标上,右击,在弹出的快捷菜单中选择"自定义通知图标"命令,如图 2-20 所示。

图 2-19 自动隐藏任务栏

图 2-20 自定义通知图标

步骤 2 打开"通知区域图标"窗口,根据需要单击通知图标对应的按钮,在弹出的下拉列表中选择所需选项,如单击"腾讯 QQ"对应的按钮,在弹出的下拉列表中选择"仅显示通知"选项,如图 2-21 所示,然后单击"确定"按钮。

图 2-21 "通知区域图标"窗口

步骤 3 单击"通知区域图标"窗口左下方的"打开或关闭系统图标"超链接,打开"系统图标"窗口,在其中可打开或关闭通知图标,如图 2-22 所示。

图 2-22 "系统图标"窗口

(5)"开始"菜单操作

步骤 1 参考前面的知识点打开"任务栏和「开始」菜单属性"对话框,选择"「开始」菜单"选项卡。在"电源按钮操作"下拉列表中选择"睡眠"选项,如图 2-23 所示。

步骤 2 单击"自定义"按钮,打开"自定义「开始」菜单"对话框,在下方的列表中可对"开始"菜单中的项目进行添加或删除操作。例如,要将"音乐"图标隐藏起来,选中"音乐"项目下的"不显示此项目"单选按钮,再选中"游戏"项目下面的"显示为链接"单选按钮,然后在"「开始」菜单大小"栏的"要显示的最近打开过的程序的数目"和"要显示在跳转列表中的最近使用的项目数"数值框中分别输入相应数值,如输入 3 和 5,如图 2-24 所示,单击"确定"按钮。

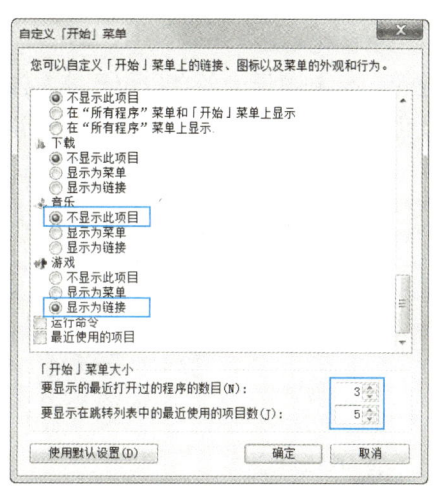

图 2-23 "睡眠"选项　　　　　　　图 2-24 "自定义「开始」菜单"对话框

6.快捷方式操作

在"开始"|"所有程序"|"附件"子菜单中的"记事本"上右击,在弹出的快捷菜单中选择"发送到"|"桌面快捷方式"命令,如图 2-25 所示。再选中桌面上刚创建的"记事本"快捷方式图标,按 Delete 键,将其删除。

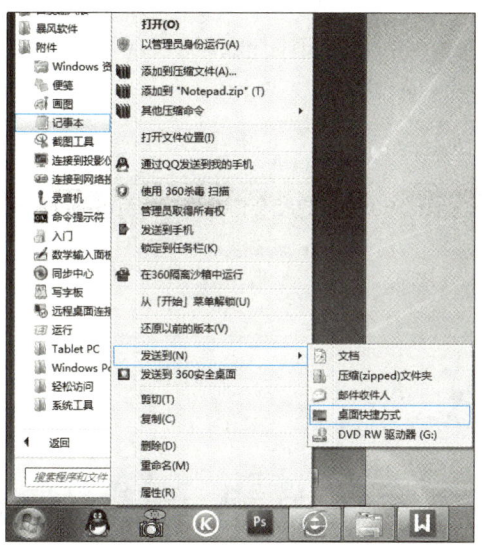

图 2-25 创建桌面快捷方式

知识小贴士

删除应用程序的快捷方式,并不会卸载应用程序,按 Delete 键删除的对象会被存放到"回收站"中,可打开"回收站",选中删除的快捷方式,单击"还原此项目"按钮恢复删除对象。若要彻底删除对象,则可按 Shift+Delete 快捷键。

4.桌面个性化设置

(1)个性化桌面

步骤 1 在桌面上的空白位置处右击,在弹出的快捷菜单中选择"个性化"命令,打开"个性化"窗口,单击下方的"桌面背景"超链接,如图 2-26 所示。

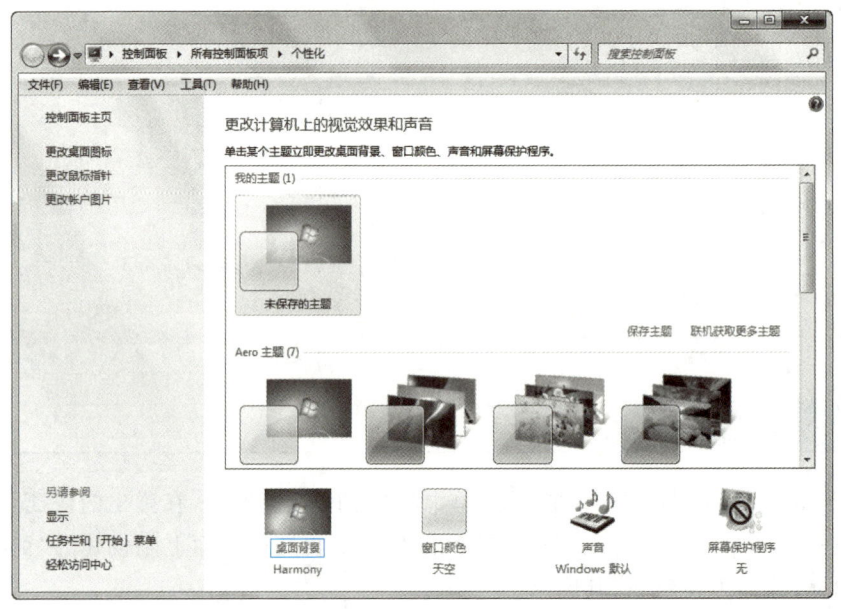

图 2-26 "个性化"窗口

步骤 2 打开"桌面背景"窗口,在中间的列表中选择背景图片,其他保持默认设置,单击"保存修改"按钮,如图 2-27 所示。

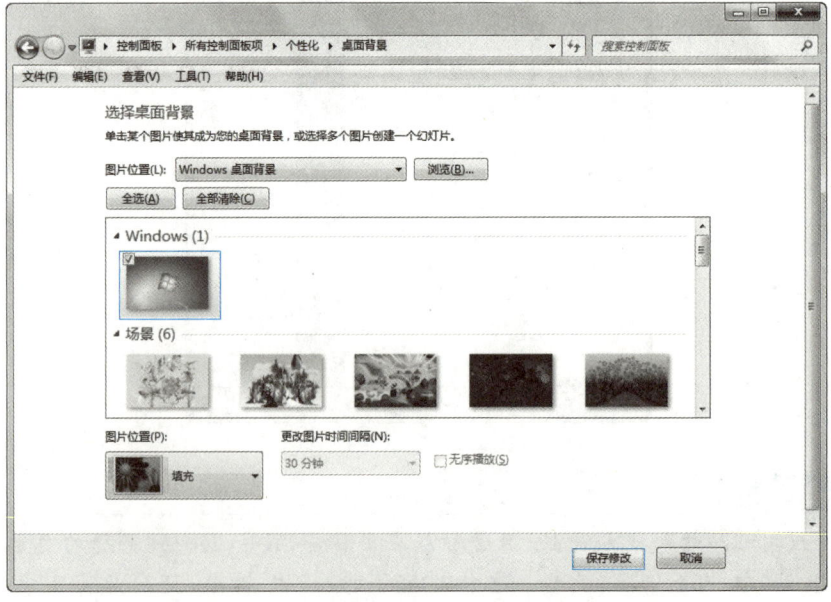

图 2-27 选择桌面背景

步骤 3 返回到"个性化"窗口,单击关闭按钮关闭该窗口,返回桌面后可看到桌面背景已经应用了所选的图片。

步骤 4 在桌面空白处右击,在弹出的快捷菜单中选择"小工具"命令,打开保存小工具的窗口,如图 2-28 所示。双击"时钟"小工具图标,再次双击"时钟"小工具图标,然后将该窗口关闭,此时,在桌面上添加了两个"时钟"小工具,如图 2-29 所示。

图 2-28 小工具窗口

图 2-29 两个"时钟"小工具

步骤 5 将鼠标光标移到上方的"时钟"小工具上,右击,在弹出的快捷菜单中选择"选项"命令,打开"时钟"对话框,单击"上一页"或"下一页"按钮,选择第 5 个时钟样式,在"时钟名称"文本框中输入"花",选中"显示秒针"复选框,其他保持默认设置不变,如图 2-30 所示,单击"确定"按钮。

步骤 6 将光标移到下方的"时钟"小工具上,右击,在弹出的快捷菜单中选择"不透明度"命令,在弹出的子菜单中选择"60%"。将鼠标光标移到小工具上,按住鼠标左键不放,拖动该"时钟"小工具至桌面的右下角,两个时钟均放在右下角效果如图 2-31 所示。

图 2-30 时钟设置

图 2-31 时钟设置效果

(2)设置屏幕保护程序

步骤 1 在桌面空白处右击,在弹出的快捷菜单中选择"个性化"命令,打开"个性化"

窗口,单击下方的"屏幕保护程序"超链接,打开"屏幕保护程序设置"对话框,在"屏幕保护程序"下拉列表中选择"三维文字"选项,如图 2-32 所示。

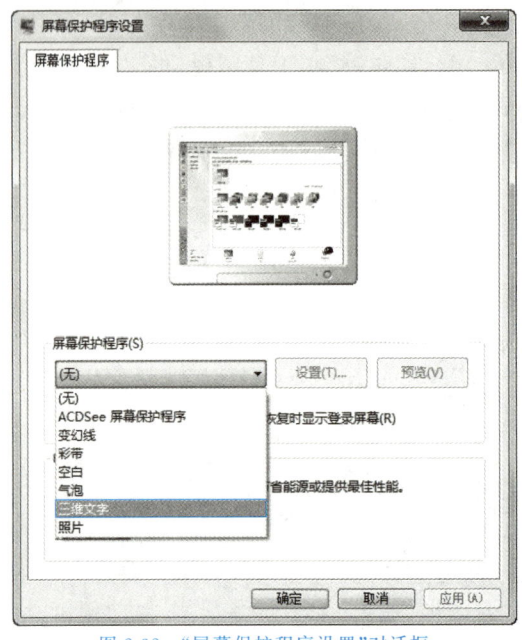

图 2-32 "屏幕保护程序设置"对话框

步骤 2 单击"设置"按钮,弹出"三维文字设置"对话框,在"自定义文字"文本框中输入"我的屏幕保护"文本内容。在"旋转类型"列表中选择"摇摆式"选项,如图 2-33 所示,设置完毕后单击"确定"按钮。

图 2-33 "三维文字设置"对话框

项目2　　Windows 7 操作系统及应用

步骤 3　在"等待"数值框中输入开启屏幕保护程序的时间,如"5",如图 2-34 所示,然后单击"预览"按钮,预览设置后的效果,单击"确定"按钮,使设置生效。

图 2-34　屏幕保护程序预览效果

(3)设置并保存主题

步骤 1　在桌面空白处右击,在弹出的快捷菜单中选择"个性化"命令,打开"个性化"窗口,选择"Aero 主题"选项。

步骤 2　单击"桌面背景"超链接,打开"桌面背景"窗口,选择其中的一幅图片,单击"保存修改"按钮。

步骤 3　返回"个性化"窗口,单击"窗口颜色"超链接,打开"窗口颜色和外观"窗口,选择第一种"天空"颜色,其他保持默认设置不变,如图 2-35 所示,单击"保存修改"按钮。

图 2-35　窗口颜色和外观设置

29

步骤 4 返回"个性化"窗口,右击"我的主题"下的"未保存的主题"选项,在弹出的快捷菜单中选择"保存主题"命令,如图 2-36 所示。

图 2-36 保存主题

步骤 5 打开"将主题另存为"对话框,在"主题名称"文本框中输入"我的主题",单击"保存"按钮,即可保存该主题,如图 2-37 所示。

图 2-37 "将主题另存为"对话框

(4) 设置文本显示效果

步骤 1 在桌面空白处右击,在弹出的快捷菜单中选择"个性化"命令,打开"个性化"窗口,单击左下角的"显示"超链接。打开"显示"窗口,单击导航窗格中的"调整 ClearType 文本"超链接,打开调整文本显示效果的向导界面。

步骤 2 勾选"启用 ClearType"复选框,单击"下一步"按钮,如图 2-38 所示。

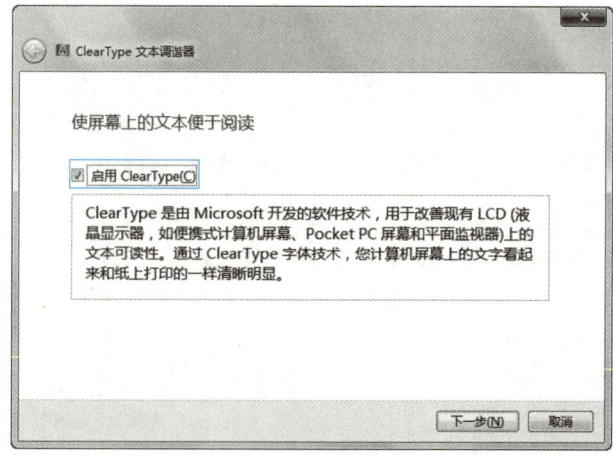

图 2-38 "ClearType 文本调谐器"对话框

步骤 3 打开确认监视器设置为本机基本分辨率的向导界面,确认设置后,单击"下一步"按钮。

步骤 4 打开如图 2-39 所示的向导界面,根据需要选择最佳的文本显示效果,然后单击"下一步"按钮,接着打开类似的向导界面,同样,选择最佳的文本显示效果,再单击"下一步"按钮,确认设置后,单击"完成"按钮。

图 2-39　ClearType 文本调谐器设置

（5）调整屏幕分辨率和屏幕刷新频率

步骤 1 在桌面空白处右击,在弹出的快捷菜单中选择"屏幕分辨率"命令,打开"屏幕分辨率"窗口,如图 2-40 所示。

图 2-40　屏幕分辨率设置

步骤 2 在"分辨率"下拉列表中,通过拖动滑块来改变分辨率的大小,如图 2-41 所示,确认分辨率后,单击"确定"按钮。

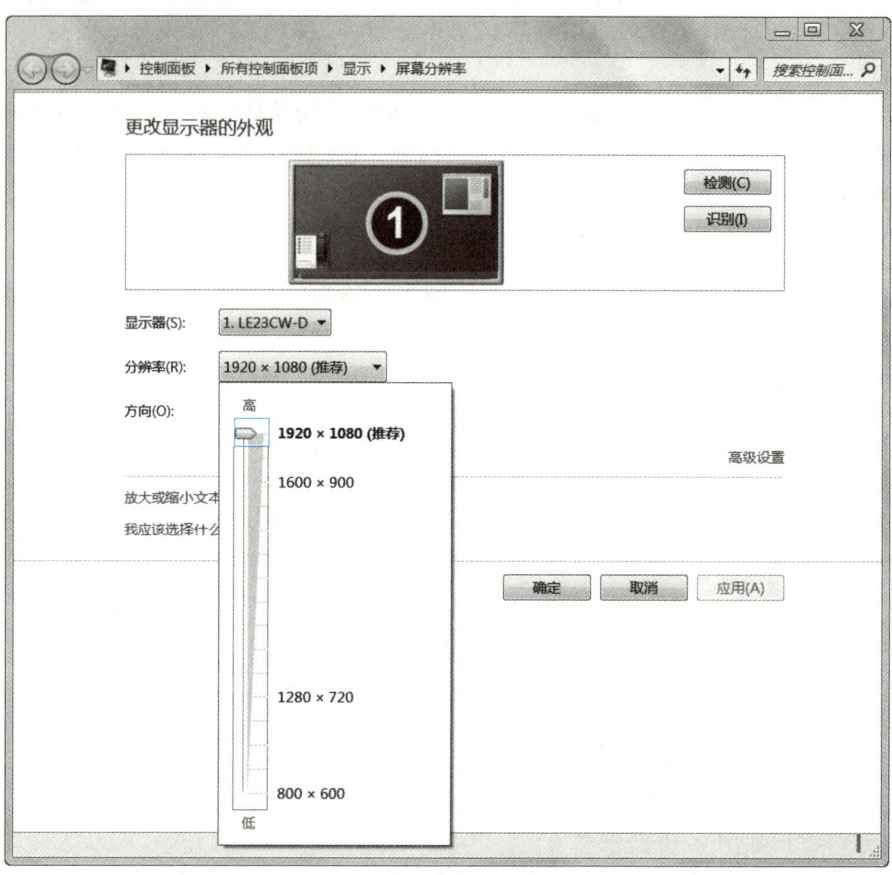

图 2-41　改变屏幕分辨率

步骤 3　单击"屏幕分辨率"窗口中的"高级设置"超链接,在打开的对话框中选择"监视器"选项卡,在"屏幕刷新频率"下拉列表中选择所需选项,如图 2-42 所示,然后单击"确定"按钮。

图 2-42　屏幕刷新频率

巩固与提高练习

1. 任务栏设置。将任务栏设置为"自动隐藏"。
2. 桌面背景设置。自选 5 张照片作为桌面背景,要求:图片位置为填充,更改图片时间间隔为 5 分钟,无序播放。
3. 设置屏幕保护。设置屏幕保护程序为"三维文字",等待时间为 5 分钟,在恢复时显示登录屏幕。

任务 2-2　Windows 7 文件及文件夹管理

实训目的

1. 掌握文件和文件夹的基本操作和设置方法。
2. 掌握 Windows 7 环境下文件的搜索方法。

实训内容

1. 文件和文件夹的基本操作,如选定、打开、新建、移动、复制、删除、重命名。
2. 更改文件和文件夹的属性,如设置为"只读"和"隐藏"。
3. 完成 Windows 7 下文件的搜索任务。

实训要求

1. 对文件和文件夹的操作

(1) 在 D 盘新建一个文件夹,命名为"我的文件",并在其中创建三个文本文件 file1.txt、file2.txt、file3.txt。

(2) 将 file3.txt 更名为 new.txt。

(3) 将"我的文件"移动到 E 盘,再移回 D 盘。

(4) 将"我的文件"中的 file1.txt 删除到回收站中,再将其恢复,将 file2.txt 从磁盘上彻底删除。

2. 文件搜索与文件夹属性设置

(1) 搜索计算机中所有扩展名为 .txt 的文件,将搜索结果中的任意一个文件复制到"我的文件"文件夹中。

(2)查看"我的文件"文件夹,更改其显示图标。

(3)设置"我的文件"文件夹属性为"只读"和"隐藏",并在D盘中显示被隐藏的"我的文件"文件夹。

实训操作步骤

1.文件和文件夹的操作

(1)创建文件和文件夹

步骤1 双击"计算机"图标,打开"计算机"窗口,再通过文件夹窗格打开D盘窗口,然后单击工具栏中的"新建文件夹"按钮,如图2-43所示。

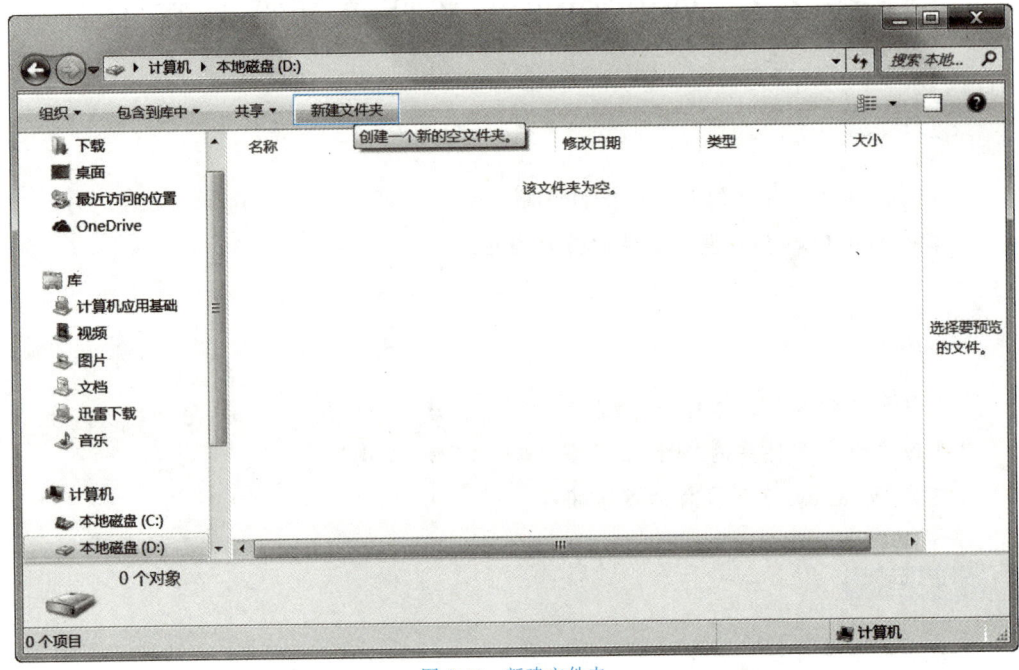

图2-43 新建文件夹

步骤2 此时在新建文件夹的名称文本框中直接输入"我的文件"文本内容,完成新建文件夹的操作,如图2-44所示。

步骤3 双击打开"我的文件"文件夹,右击,在弹出的快捷菜单中选择"新建"|"文本文档"命令,出现新建的文件图标,输入文件名file1.txt,然后在窗口空白位置单击即可。使用同样的方法创建file2.txt和file3.txt文件。

图 2-44　输入文件夹名称

(2) 重命名文件或文件夹

步骤 1　右击 file3.txt 文本文件,在弹出的快捷菜单中选择"重命名"命令。

步骤 2　此时 file3.txt 文件的名称文本框呈可编辑状态,输入"new.txt"文本内容后,单击窗口空白处或按 Enter 键,完成重命名操作。

(3) 移动文件或文件夹

步骤 1　通过文件夹窗格打开 D 盘,右击"我的文件"文件夹,在弹出的快捷菜单中选择"剪切"命令,被剪切后的文件与被选中前相比呈浅色显示。

步骤 2　打开 E 盘窗口,在空白区右击,在弹出的快捷菜单中选择"粘贴"命令,完成移动文件夹操作。本例将文件夹再移动回 D 盘进行接下来的操作。

(4) 删除文件或文件夹

步骤 1　通过文件夹窗格打开"我的文件"文件夹。

步骤 2　选择 file1.txt 文件,然后单击工具栏中的"组织"按钮,在弹出的下拉菜单中选择"删除"命令,如图 2-45 所示。

步骤 3　在系统自动打开的"删除文件"对话框中,单击"是"按钮,如图 2-46 所示,返回"我的文件"窗口,可发现该文件已经被删除。

步骤 4　双击"回收站"图标,打开"回收站"窗口,选择 file1.txt 文件,右击,在弹出的快捷菜单中选择"还原"命令,如图 2-47 所示,完成还原文件的操作。

步骤 5　打开"我的文件"文件夹,选中 file2.txt 文件,按 Shift+Delete 快捷键,然后在弹出的对话框中单击"是"按钮,便可彻底删除 file2.txt 文件。

图 2-45 "我的文件"窗口

图 2-46 "删除文件"对话框

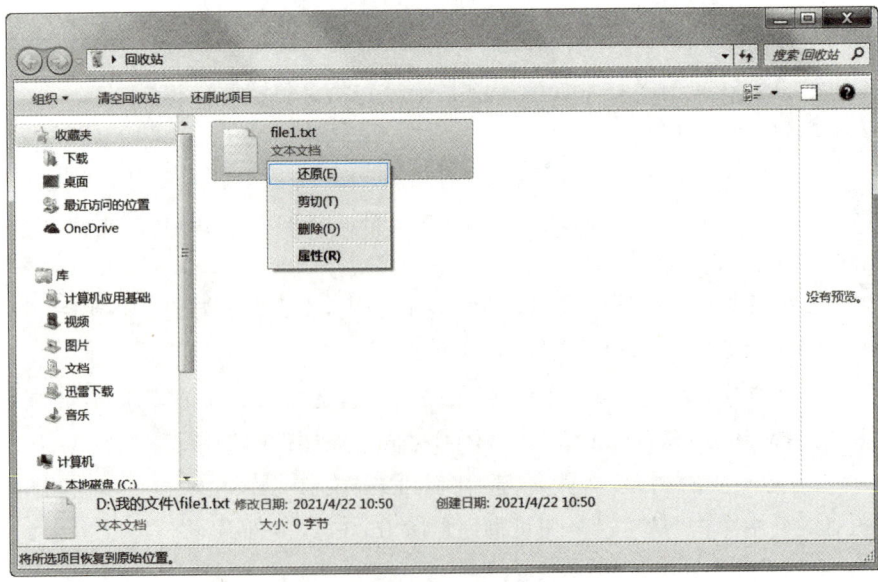

图 2-47 "回收站"窗口

2.文件搜索与文件夹属性设置

(1)搜索计算机中的所有.txt文件

步骤 1 双击"计算机"图标,打开"计算机"窗口。

步骤 2 在右上方的"搜索"文本框中输入"＊.txt",系统自动进行搜索,搜索完成后,该窗口中将显示所有符合条件的搜索结果,如图 2-48 所示。

图 2-48 搜索结果

步骤 3 选择任一搜索结果,右击,在弹出的快捷菜单中选择"复制"命令。通过文件夹窗格打开"我的文件"文件夹,然后在空白处右击,在弹出的快捷菜单中选择"粘贴"命令,完成将文件复制到"我的文件"文件夹的操作。

> **知识小贴士**
>
> 在查找操作中常用通配符"＊"或"?"进行模糊查找,＊代表若干个任意字符,? 代表任意一个字符。例如"＊.docx"代表扩展名为".docx"的所有文件,"W＊.docx"表示以字母"W"开头的所有扩展名为".docx"的文件;"A?.docx"表示以字母 A 开头、文件主名只有两个字符,且扩展名为".docx"的文件。

(2)查看"我的文件"文件夹,更改其显示图标

步骤 1 打开"计算机"窗口,在"搜索"文本框中输入"我的文件"文本内容,如图 2-49 所示,系统将自动进行搜索,搜索完成后在窗口中将显示符合搜索条件的文件夹。

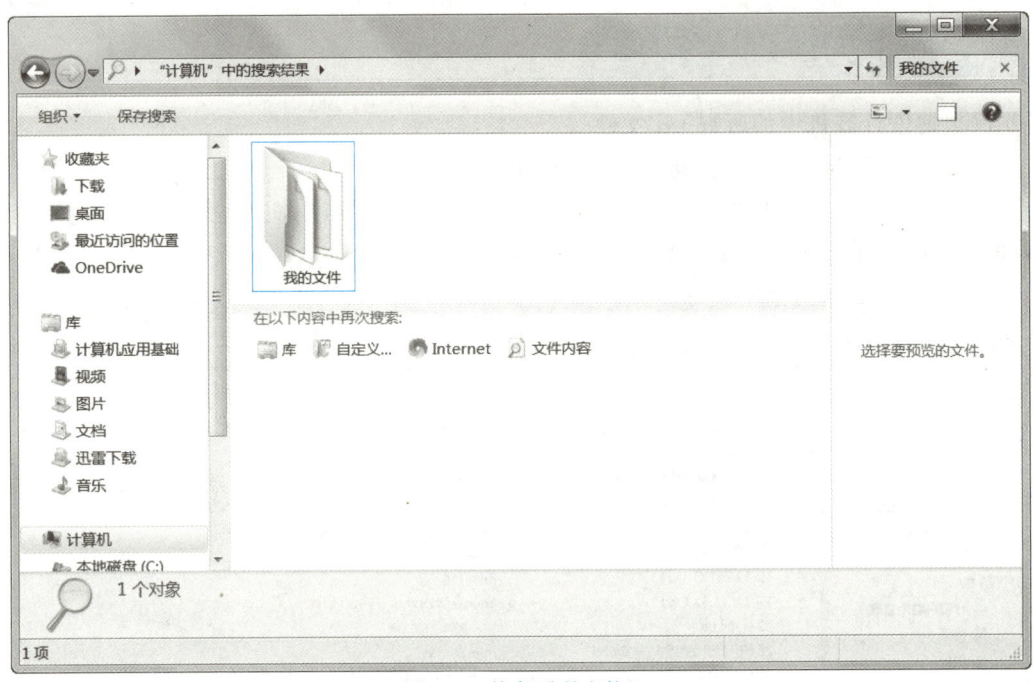

图 2-49　搜索"我的文件"

步骤 2　选择"我的文件"文件夹,右击,在弹出的快捷菜单中选择"属性"命令,打开"我的文件 属性"对话框,选择"自定义"选项卡,然后单击"文件夹图标"栏中的"更改图标"按钮,如图 2-50 所示。

步骤 3　打开"为文件夹 我的文件 更改图标"对话框,通过拖动"从以下列表中选择一个图标"列表下方的滚动条选择图标选项,单击"确定"按钮,如图 2-51 所示。

图 2-50　"我的文件 属性"对话框(1)　　　　图 2-51　更改图标

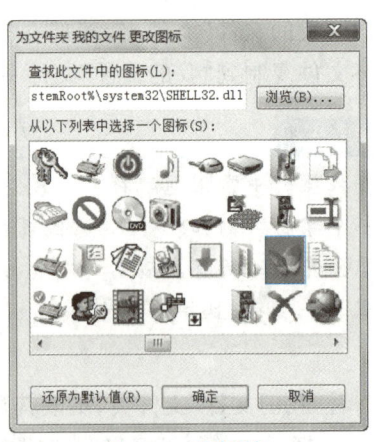

步骤 4　返回到"我的文件 属性"对话框,单击"确定"按钮,此时窗口中的"我的文件"文件夹的图标已经改变,如图 2-52 所示,完成操作。

图 2-52　更改图标后效果

(3) 设置文件或文件夹属性

步骤 1　通过文件夹窗格打开 D 盘窗口,在"我的文件"文件夹上右击,在弹出的快捷菜单中选择"属性"命令。

步骤 2　打开"我的文件 属性"对话框,在"常规"选项卡"属性"栏中选中"只读(仅应用于文件夹中的文件)"和"隐藏"复选框,单击"确定"按钮,如图 2-53 所示。

步骤 3　打开"确认属性更改"对话框,选中"仅将更改应用于此文件夹"单选按钮,单击"确定"按钮,如图 2-54 所示,完成文件夹属性的设置。

图 2-53　"我的文件 属性"对话框(2) 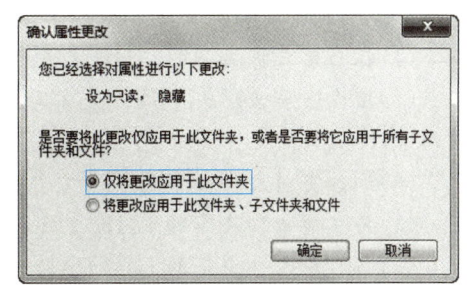　　图 2-54　"确认属性更改"对话框

步骤 4 返回 D 盘窗口,将不会显示该文件夹。

步骤 5 单击工具栏中的"组织"按钮,在弹出的菜单中选择"文件夹和搜索选项"命令,打开"文件夹选项"对话框,切换至"查看"选项卡,在"高级设置"列表中选中"显示隐藏的文件、文件夹和驱动器"单选按钮,单击"确定"按钮,如图 2-55 所示。

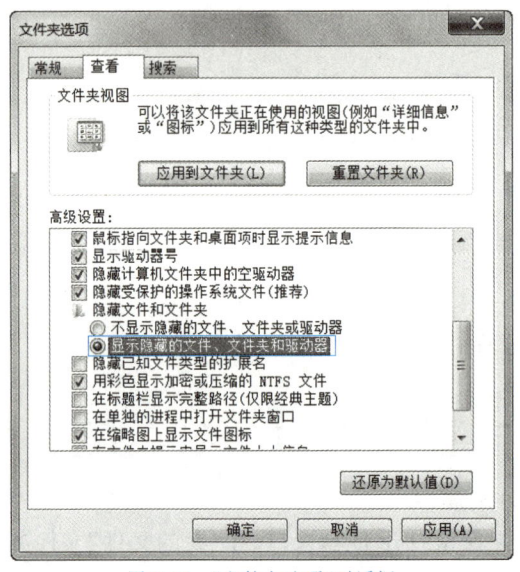

图 2-55 "文件夹选项"对话框

步骤 6 打开 D 盘窗口,可以查看已隐藏的"我的文件"文件夹。

巩固与提高练习

1.打开素材文件夹项目 2\任务 2-2\T1,按下列要求进行操作:

(1)在当前文件夹下分别建立 ANG1 和 ING2 两个文件夹。

(2)将当前文件夹中的 NG.ber 文件复制到 ANG1 文件夹中。

(3)将当前文件夹下 ST1 文件夹中的文件 AN1.txt 重命名为 ING.txt。

(4)搜索当前文件夹中的 UNC.wri 文件,然后将其设置为"只读"属性。

(5)为当前文件夹下的 DTA OU 文件夹建立名为 KOU 的快捷方式,并存放在当前文件夹下。

2.打开素材文件夹项目 2\任务 2-2\T2,按下列要求进行操作:

(1)在当前文件夹下的 THE 文件夹中创建名为 BAK 的文件夹。

(2)搜索当前文件夹下第三个字母是 C 的所有文本文件,将其移动到当前文件夹下的 THE\BAK 文件夹中。

(3)删除当前文件夹下的 KQ 文件夹中的 OU.DBF 文件。

(4)将当前文件夹下的 BHK 文件夹设置成"隐藏"属性。

(5)将当前文件夹下的 GUI BAR 文件夹复制到当前文件夹下 THE 文件夹中。

任务 2-3　Windows 7 控制面板与附件

实训目的

1. 掌握打开或关闭 Windows 7 功能的方法。
2. 掌握添加和删除应用程序的方法。
3. 掌握键盘和鼠标的设置方法。
4. 掌握账户的创建、删除等方法。

实训内容

1. 使用"打开或关闭 Windows 功能"来打开或关闭 Windows 7 功能。
2. 利用控制面板查看系统属性,对系统账户信息进行修改。
3. 修改鼠标、键盘的相关属性。
4. 实现添加和删除应用程序及 Windows 组件。

实训要求

1. 软件的添加与管理
(1) 使用"打开或关闭 Windows 功能"来关闭"小工具"功能。
(2) 安装应用程序。
(3) 使用"控制面板"窗口里的"卸载程序"命令删除 Windows 7 应用程序。
(4) 通过语言栏的"输入法"按钮,添加"微软拼音 ABC 输入法",并将其设置为默认输入法。
2. 硬件的管理与应用
(1) 使用桌面快捷菜单中"个性化"命令,将鼠标设置为"启动单击锁定",调整双击速度并改变鼠标指针方案。
(2) 在"控制面板"里找到"键盘",再修改键盘的字符重复时间和重复速度。
3. 账户管理
使用"控制面板"里的"添加或删除用户账户"超链接,来创建一个名为"新用户"的账户,并对其进行创建密码、更改图标等操作。

实训操作步骤

1. 软件的添加与管理

(1) 打开或关闭 Windows 7 功能

步骤 1　选择"开始"|"控制面板"命令,打开"控制面板"窗口,单击"程序"超链接,打

开"程序"窗口,如图 2-56 所示。

图 2-56 控制面板"程序"窗口

步骤 2 单击"程序和功能"栏下的"打开或关闭 Windows 功能"超链接,打开"Windows 功能"窗口,取消选中"打开或关闭 Windows 功能"列表中的"Windows 小工具平台"复选框,如图 2-57 所示。

图 2-57 "Windows 功能"窗口

(2)安装应用程序

安装应用程序的一般方法是:双击 setup.exe(或 install.exe)文件,然后按提示步骤依次执行,直到完成安装。

(3)删除应用程序

选择"开始"|"控制面板"命令,打开"控制面板"窗口,单击"卸载程序",打开"程序和功能"窗口,选中程序,单击"卸载"按钮,按照系统提示删除程序。

(4)添加并设置输入法

步骤 1 在语言栏的"输入法"按钮 上单击鼠标右键,在弹出的快捷菜单中选择"设置"命令,打开"文本服务和输入语言"对话框,单击"添加"按钮。

步骤 2 打开"添加输入语言"对话框,如图 2-58 所示。通过拖动列表的滑块选择"微软拼音 - 新体验 2010"选项。

步骤3 单击"确定"按钮,返回"文本服务和输入语言"对话框,在"默认输入语言"下拉列表中选择"中文(简体,中国) - 微软拼音 - 新体验 2010"选项,将其设置为默认输入法,如图 2-59 所示,单击"确定"按钮完成设置。

图 2-58 "添加输入语言"对话框

图 2-59 添加输入语言

2.硬件的管理与应用

(1)更改鼠标属性

步骤1 在桌面空白处右击,在弹出的快捷菜单中选择"个性化"命令,打开"个性化"窗口,单击"更改鼠标指针"超链接,打开"鼠标 属性"对话框,如图 2-60 所示。

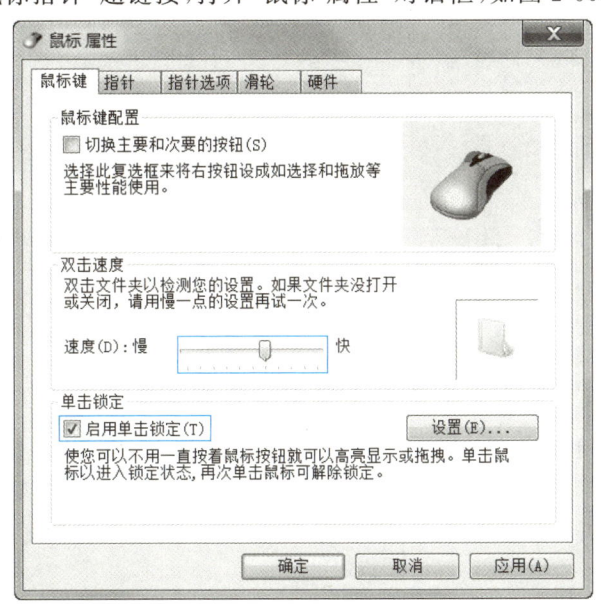

图 2-60 "鼠标 属性"对话框

步骤2 选择"鼠标键"选项卡,拖动"双击速度"选项组中"速度"滑块调整双击时间间隔,选中"单击锁定"选项组中的"启用单击锁定"复选框。

步骤 3 选择"指针"选项卡,从"方案"下拉列表中选择一个鼠标指针方案,如图 2-61 所示,单击"确定"或"应用"按钮,完成设置。

图 2-61 鼠标指针设置

(2)更改键盘属性

步骤 1 选择"开始"|"控制面板"命令,打开"控制面板"窗口。

步骤 2 选择该窗口右上角"查看方式"下拉列表中的"小图标"选项,如图 2-62 所示,将该窗口切换至"小图标"视图模式,单击"键盘"超链接。

图 2-62 控制面板

步骤 3 打开"键盘 属性"对话框,选择"速度"选项卡,拖动"字符重复"选项组中的"重复延迟"滑块,改变键盘重复输入一个字符的延迟时间,如向左拖动,则增加延迟时间;拖动"重复速度"滑块改变重复输入字符的速度,如向左拖动该滑块使重复输入速度降低,如图 2-63 所示。

步骤 4 在"光标闪烁速度"选项组中拖动滑块改变在文本编辑器(如记事本)中文本插入点在编辑位置的闪烁速度,如向左拖动滑块设置为中等速度,单击"确定"按钮完成设置。

项目2　**Windows 7 操作系统及应用**

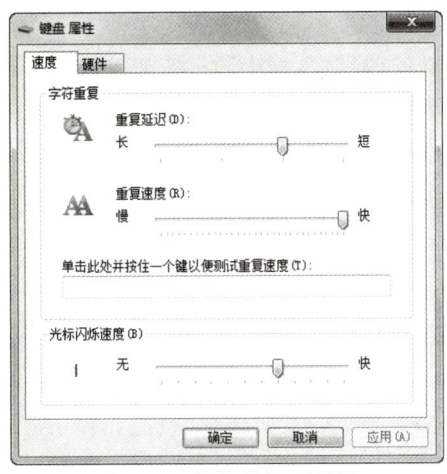

图 2-63　"键盘 属性"对话框

3.账户管理

步骤1　选择"开始"|"控制面板"命令,打开"控制面板"窗口,单击"添加或删除用户账户"超链接。

步骤2　打开"管理账户"窗口,单击窗口中的"创建一个新账户"超链接。

步骤3　打开"创建新账户"窗口,在新账户名文本框输入"新用户"文本内容,其他选项保持默认设置不变,如图 2-64 所示,单击"创建账户"按钮。

图 2-64　"创建新账户"窗口

步骤4　返回"管理账户"窗口,新创建的"新用户"账户将显示在该窗口中,如图 2-65 所示。

图 2-65　显示新用户

45

步骤5 单击该账户，打开"更改账户"窗口，单击"创建密码"超链接，如图2-66所示。打开"创建密码"窗口，在"新密码"文本框中输入密码，然后在"确认新密码"文本框中输入相同的密码，单击"创建密码"按钮，如图2-67所示。

图2-66 "更改账户"窗口

图2-67 "创建密码"窗口

步骤6 返回"更改账户"窗口，"新用户"账户显示为密码保护，单击"更改图片"超链接，打开"选择图片"窗口，在窗口中选择图片，这里选择"招财猫"图片选项，如图2-68所示，单击"更改图片"按钮，返回"更改账户"窗口，该账户显示为标准账户，受密码保护，并且显示名称为"新用户"，如图2-69所示，最后关闭窗口，完成所有操作。

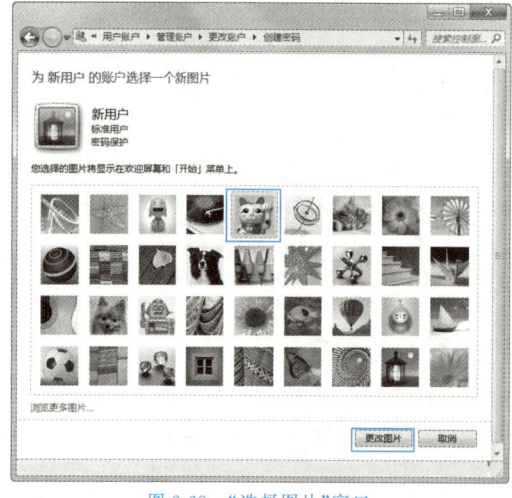

图2-68 "选择图片"窗口

图2-69 更改后的账户

巩固与提高练习

1. 更改鼠标"指针"，方案为"Windows Aero（系统方案）"。
2. 创建新用户账户，账户名为"计算机学习"，密码自定义。
3. 删除新建用户账户"计算机学习"。

项目 3
Word 2016 软件应用

　　Word 2016 是 Microsoft 公司开发的 Office 2016 办公组件之一,主要用于文字处理工作。Word 2016 利用面向结果的全新用户界面,让用户可以轻松找到并使用功能强大的各种命令按钮,快速实现文本的录入、编辑、格式化、表格制作、图文混排、长文档编辑等。本项目以 Word 2016 为例,介绍它在我们日常生活中的应用。

任务 3-1　Word 文档的基本操作

实训目的

1. 掌握 Word 2016 的创建、打开、保存及关闭的方法,熟悉 Word 2016 的工作界面。
2. 熟练掌握 Word 2016 文字的输入与修改、删除、移动等。
3. 熟练掌握快速查找、替换等操作方法。
4. 掌握特殊符号、项目符号、编号的插入方法和字体、段落的基本设置。
5. 掌握 Word 2016 保存、预览、打印和退出文档的方法。

实训内容

创建一个文档,为某公司制作一份简介,效果如图 3-1 所示。

实训要求

1. 新建一个 Word 文档,保存在"D:\公司文档"文件夹,命名为"公司简介.docx"。
2. 打开"公司简介.docx"文档,设置文档每间隔 2 分钟自动保存一次。
3. 按样文录入数据。
4. 设置标题字体为宋体、二号、加粗、黑色,字符间距加宽 3 磅;段前、段后间隔 1 行,段落居中对齐。

5.设置正文字体为宋体、五号、黑色;段落为首行缩进2个字符,行距为1.5倍、两端对齐。

6.利用查找和替换功能将文中"计算机"替换为"软件",替换格式为字体加粗、蓝色、加双下划线。

7.将文中二级子标题加粗,为二级子标题下的正文添加项目符号"☆"。

8.将公司"经营理念"标题及内容移至"管理理念"前。

9.预览文档、保存并退出文档。

图 3-1　公司简介排版效果

实训操作步骤

步骤1　单击"开始"|"Word 2016",如图 3-2 所示。弹出创建 Word 的引导窗口,单击选择"空白文档"图标,启动 Word 2016,系统新建一个默认名为"文档 1.docx"的文档。

步骤 2　单击"文档 1.docx"的"文件"选项卡,弹出"文件"选项卡列表,如图 3-3 所示。

图 3-2　启动 Word 2016　　　　　　　　　　图 3-3　"文件"选项卡

步骤 3　在"文件"选项卡列表中单击"保存"或"另存为"按钮,打开"另存为"界面,双击"这台电脑",弹出"另存为"对话框。

> **知识小贴士**
>
> （1）第一次保存文档与另存为文档都会打开"另存为"界面。
>
> （2）再次保存文档时,直接单击"文件"选项卡"保存"选项,或直接单击快速访问工具栏中的 🖫 按钮,还可以按 Ctrl+S 快捷键进行保存。

步骤 4　在"另存为"对话框中选择保存位置为"D:\公司文档",在"文件名"文本框中输入"公司简介.docx","保存类型"为"Word 文档（*.docx）",如图 3-4 所示。单击"保存"按钮,完成保存。

步骤 5　在"文件"选项卡中单击"选项"按钮,弹出"Word 选项"对话框。

步骤 6　在"Word 选项"对话框中单击"保存"选项卡,勾选"保存自动恢复信息时间间隔"复选框,然后在右侧的微调框中输入"2"分钟,单击"确定"按钮完成自动保存设置,如图 3-5 所示。

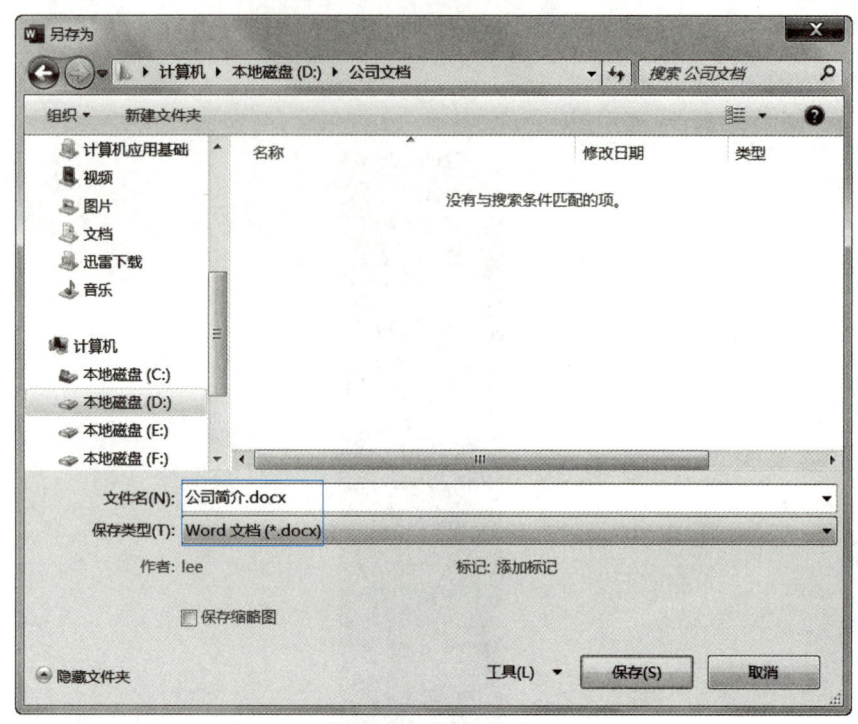

图 3-4 "另存为"对话框

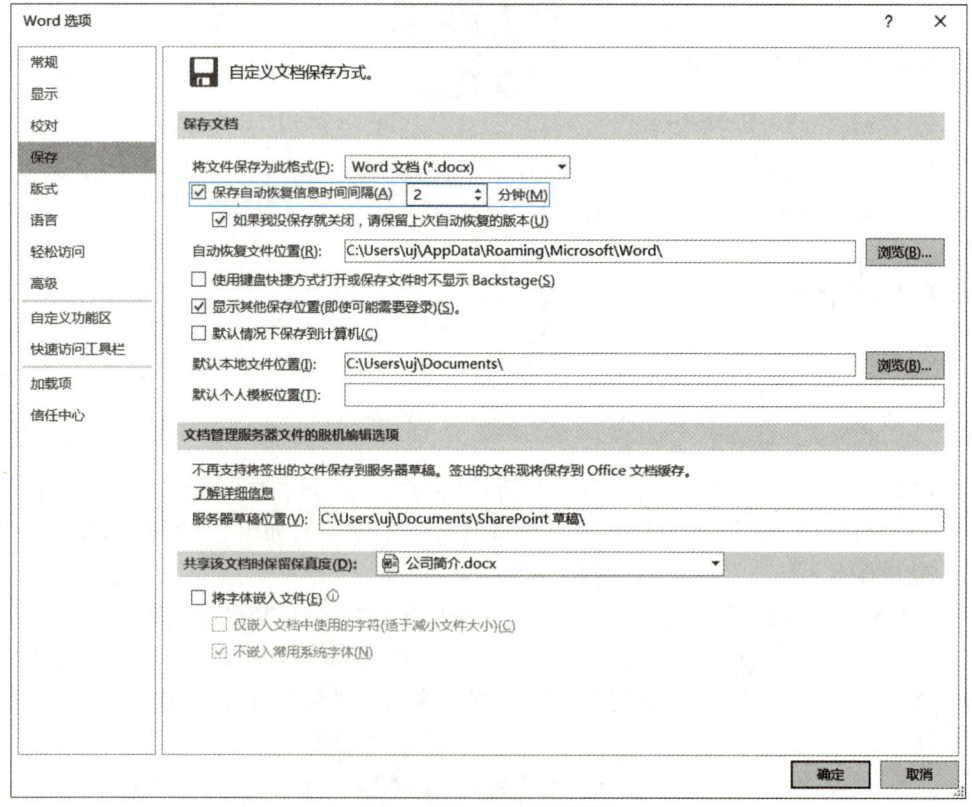

图 3-5 "Word 选项"对话框

步骤 7　使用自己最熟悉的输入法将样文图 3-6 中文字录入公司简介文档。

```
公司简介
重庆某计算机(集团)有限公司是专业从事计算机系统设计、开发和服务的高新技术企业，主要致力于为金融、医疗、物流等行业提供系统设计、开发、业务流程服务及增值服务。公司现有
员工 1 200 人，主要客户有中国移动、华为、光大银行等。公司是"重庆市国家信息产业基地龙头企业"，重庆市外经委和信产局唯一认定的"计算机出口基地企业"，2007 年"中国计算机企
业外包 25 强"。公司旗下有某计算机学院是教育部批准的国家级示范计算机学院，现有全日制在校学生近 8 000 人。
公司愿景
成为中国一流的计算机和服务外包企业。
公司使命
为客户提供最优的服务，为员工、股东和社会提供最好的回报。
企业精神
尽责·守信·求精·创新
尽责：无论对客户还是对员工、股东和社会，我们始终把责任放在第一位。
守信：无论利与不利，我们都要永远坚持"诚实并信守诺言"。信誉是个人和企业最大的无形资产。
求精：注重细节、严谨细致、精益求精，为客户和同事提供最完美的服务。
创新：只有不断创新才可能立于不败之地。唯一不变的，就是不断求变去适应市场的变化和发展需要。
管理理念
以人为本　严格执行　高效可控　注重细节
经营理念
以精深的行业理解、领先的技术开发，为客户提供高品质的增值服务。
团队理念
忠诚友爱　信任欣赏　团结协作　乐于奉献
人才理念
以德为先　唯才是举　注重绩效　关注潜能
沟通理念
坦诚直接　正直大度　认真倾听　换位思考
领导理念
追求事业　承担责任　高效廉洁　关爱下属
```

图 3-6　公司简介文字

步骤 8　录完后，选中标题"公司简介"，在"开始"|"字体"功能区，根据要求设置标题字体为宋体、二号、加粗、黑色。也可以单击"字体"功能区右下角的扩展按钮 ，在弹出的"字体"对话框中进行设置，如图 3-7 所示。

图 3-7　"字体"对话框

步骤 9　在"字体"对话框中单击"高级"选项卡，单击字符间距中"间距"下拉列表，然后选择"加宽"选项，再设置磅值为"3 磅"，如图 3-8 所示。

步骤10 标题字体设置完成后,单击"开始"|"段落"功能区右下角的扩展按钮 ,在弹出的"段落"对话框中设置"对齐方式"为"居中","段前"和"段后"均间隔1行。单击"确定"按钮完成标题设置。如图3-9所示。

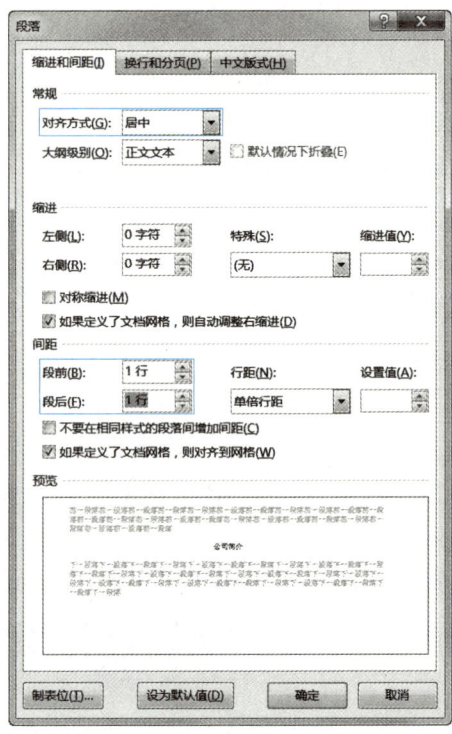

图3-8 字体高级设置

图3-9 "段落"对话框

步骤11 选中正文,在"开始"|"字体"功能区设置字体为宋体、五号、黑色,单击"段落"功能区右下角的扩展按钮 ,在弹出的"段落"对话框中设置首行缩进2个字符,行距为1.5倍,两端对齐,单击"确定"按钮,完成正文设置。

步骤12 选中正文,在"开始"|"编辑"功能区中单击"替换"按钮或按Ctrl+H快捷键,弹出"查找和替换"对话框的"替换"选项卡,如图3-10所示。

图3-10 "查找和替换"对话框的"替换"选项卡

步骤13 在"查找内容"文本框内输入"计算机",在"替换为"文本框内输入"软件",然后单击"更多"按钮,再单击"格式"按钮弹出"格式"列表,如图3-11所示。

图 3-11　设置替换内容

步骤 14　在"格式"列表中单击"字体"选项,弹出"替换字体"对话框,在对话框中设置字体加粗、蓝色、双下划线,然后单击"确定"按钮,返回"查找和替换"对话框,如图 3-12 所示。

图 3-12　替换格式设置

步骤 15　在"查找和替换"对话框中单击"全部替换"按钮,弹出提示框,单击"确定"按钮完成替换设置,如图 3-13 所示。

步骤 16 按住 Ctrl 键的同时分别选择二级子标题,在"开始"|"字体"功能区中单击"加粗"按钮 **B** 完成加粗设置。

步骤 17 按住 Ctrl 键的同时分别选择二级子标题下的正文,然后在"开始"|"段落"功能区中单击"项目符号"按钮,弹出"项目符号"列表,如图 3-14 所示。

图 3-13 替换完成提示框

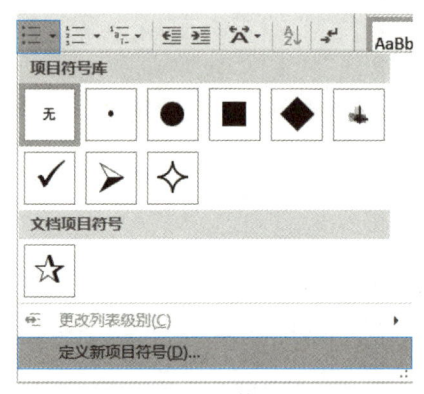

图 3-14 "项目符号"列表

步骤 18 在"项目符号"列表中单击"定义新项目符号"选项,弹出"定义新项目符号"对话框,在对话框中单击"符号"按钮,弹出"符号"对话框,如图 3-15 所示。

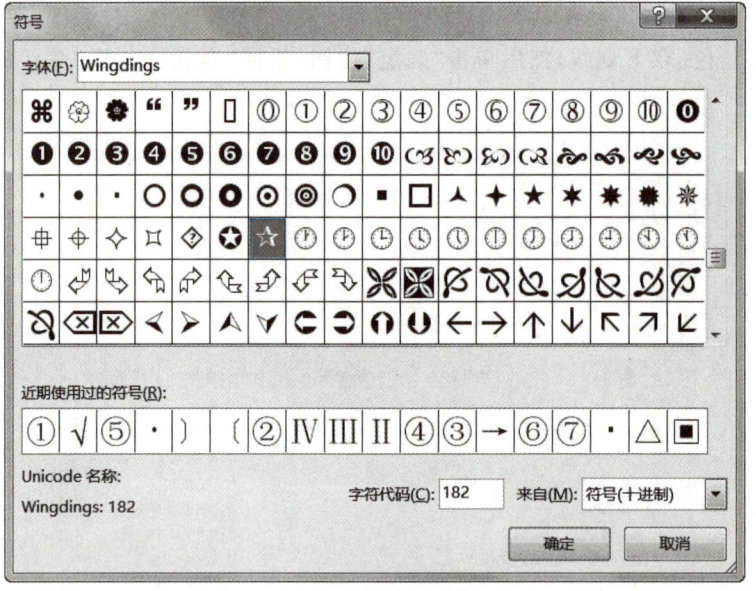

图 3-15 "符号"对话框

步骤 19 在"符号"对话框中选择"☆"符号,单击"确定"按钮返回到"定义新项目符号"对话框,再单击"确定"按钮完成符号添加设置。

步骤 20 在"项目符号"列表中选择"☆"符号完成项目符号设置。

步骤 21 用鼠标选中"经营理念"标题及内容,然后拖动移至"管理理念"前松开鼠标,完成移动设置。

项目3　Word 2016软件应用

步骤 22　在"文件"选项卡中单击"打印"选项,即可在右侧窗口预览文档效果,如图 3-16 所示。

图 3-16　公司简介预览效果

步骤 23　设置完成后单击▣按钮保存文档,再单击☒按钮退出文档。

巩固与提高练习

新建一个 Word 文档,将图 3-17 样文录入文档。

电子商务技术专利框架
　　根据对国内外电子商务专利技术的分析,并结合电子商务技术体系可以得出电子商务技术专利框架,这个框架分为五层:安全层、网络层、基础服务层、应用服务和应用系统层、客户端层,电子商务技术专利框架的每一层均由电子商务的核心技术和每一层次的专利组成,整个电子商务交易的流程都需要在安全的环境中进行。商业方法的专利主要体现在客户端层、应用服务和应用系统层,是知识和信息技术相结合的成果。
　　根据此电子商务专利技术框架将我国电子商务专利主要分为五类:
电子商务系统专利 A
电子支付和认证专利 B
基础服务专利 C
网络传输专利 D
安全专利 E

图 3-17　样文

(1)将标题段("电子商务技术专利框架")文字设置为三号、蓝色、黑体、加粗、居中。

(2)利用替换操作,将文中所有"电子商务"一词设置为仿宋、红色、加粗、双下划线。

(3)为文档中的第八行到十二行(共五行)设置项目符号"●",项目符号位置缩进 0.7 厘米。

任务 3-2　Word 文档图文混排操作

实训目的

1. 掌握文本框的使用。
2. 掌握形状的绘制与编辑及对象层次的调整。
3. 掌握插入图片并对图片进行编辑的方法。
4. 学会为页面设置背景、水印,为文字添加边框和底纹的方法。
5. 掌握特殊格式设置。

实训内容

为重庆某软件公司制作一份招聘广告,效果如图 3-18 所示。

图 3-18　招聘广告效果

实训要求

1. 新建一个 Word 文档,保存在"D:\公司文档"文件夹,命名为"公司招聘.docx"。
2. 打开"公司招聘.docx"文档,设置纸张大小为 B5(JIS),上、下、左、右页边距均为 1.5 厘米,纸张方向为横向。
3. 页面背景设置为"羊皮纸";添加页面边框为三维、艺术型,宽度为"10 磅",应用于整篇文档。

4.设置文字水印,字体为华文新魏;字号为"自动";颜色为默认色,半透明;版式为"斜式"。

5.插入横排文本框,在文本框内输入公司名称,字体为华文行楷、小一、加粗;文本框设置为无填充颜色、无边框。

6.按样文录入文字。

7.将公司简介分为两栏,中间加分隔线。

8.在第一段设置首字下沉,字体为华文新魏;下沉行数为"3",距正文"0厘米"。

9.在公司标题后插入"形状"|"星与旗帜"功能区中"爆炸形:14 pt",改变爆炸形高度为3.65厘米,宽度为6.55厘米,设置形状填充为黄色,形状轮廓为红色,形状效果为发光,发光变体为第二列第四个,"环绕文字"为"四周型"。

10.在爆炸形中输入文字"招聘",字体为华文琥珀、小初。设置完成后移至效果图位置。

11.在公司简介与薪资待遇中间插入招聘岗位信息,具体要求:插入横排文本框,文本框形状填充为黄色,形状轮廓为红色。形状效果为发光,发光变体为第二列第三个。

12.在文档中插入"形状"|"星与旗帜"中"卷形:垂直",设置高度为5.29厘米,宽度为5厘米,形状填充为黄色,形状轮廓为红色,形状效果为发光,发光变体为第二列第三个。然后用鼠标选中移至效果图位置后与文本框组合。并复制三份。

13.按效果图在组合成的信息发布图形框中输入招聘信息。字体为华文中宋、五号,标题加粗;段落对齐方式为"左对齐"。

14.给薪资待遇、其他福利、邮件地址、电话号码等文字添加黄色底纹。

15.给公司简介最后一句和薪资待遇、其他福利文字加红色波浪线。

16.在文档右下角插入图片,高度设置为4厘米,宽度设置为5厘米;"图片样式"为"柔化边缘矩形";"环绕文字"为"衬于文字下方"。

17.在电话号码前插入图片,设置高度为1.2厘米,宽度为1.6厘米;"环绕文字"为"四周型"。

18.预览文档,保存并退出文档。

实训操作步骤

步骤1 新建一个Word文档,保存到"D:\公司文档"文件夹,命名为"公司招聘.docx"。

知识小贴士

.docx为Word文档的后缀名,在文件夹的"组织"|"文件夹和搜索选项"菜单中,当"文件夹选项"对话框"查看"选项卡中已选中"隐藏已知文件类型的扩展名"时,文件名不需要输入.docx。

步骤2 单击"布局"|"页面设置"功能区右下角的扩展按钮,弹出"页面设置"对话框,如图3-19所示。

步骤3 在"页面设置"对话框"页边距"选项卡中,设置上、下、左、右页边距均为1.5厘米,纸张方向为横向。

步骤 4 　在"页面设置"对话框"纸张"选项卡中,设置纸张大小为 B5(JIS),单击"确定"按钮,完成页面设置。如图 3-20 所示。

图 3-19 　"页面设置"对话框

图 3-20 　纸张设置

知识小贴士

在 Word 中默认的纸张大小为 A4,纸张方向为纵向。

步骤 5 　在"设计"|"页面背景"功能区中单击"页面颜色"按钮,弹出"页面颜色"列表。

步骤 6 　在"页面颜色"列表中单击"填充效果"选项,如图 3-21 所示,弹出"填充效果"对话框。

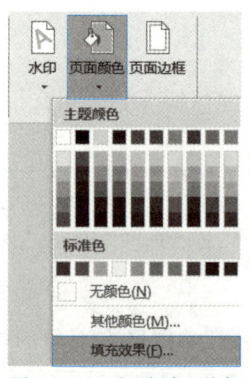

图 3-21 　"页面颜色"列表

步骤 7 　在"填充效果"对话框"纹理"选项卡中选择"羊皮纸"纹理,如图 3-22 所示。然后单击"确定"按钮。

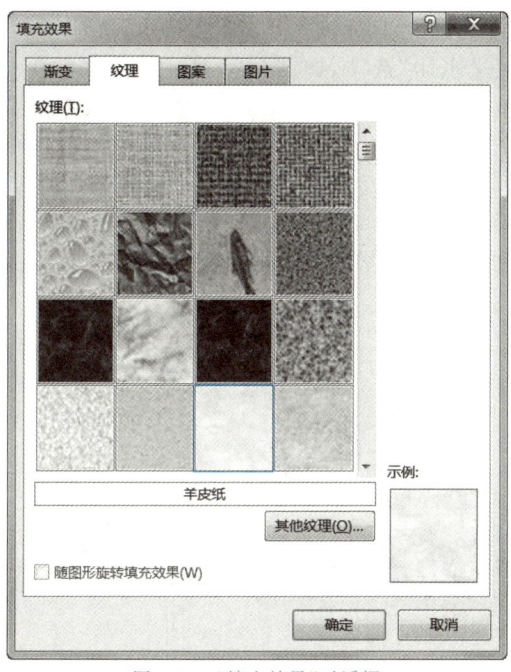

图 3-22 "填充效果"对话框

步骤 8 在"设计"|"页面背景"功能区中单击"页面边框"按钮,弹出"边框和底纹"对话框。

步骤 9 在"边框和底纹"对话框中单击"页面边框"选项卡,然后在"页面边框"选项卡"设置"选项中选择"三维";单击"艺术型"下拉按钮,在"艺术型"下拉列表中选择 ❉❉❉❉❉。设置宽度为"10 磅",在"应用于"下拉列表中选择"整篇文档",如图 3-23 所示。单击"确定"按钮完成页面边框设置。

图 3-23 "边框和底纹"对话框

步骤 10 在"页面布局"|"页面背景"功能区中单击"水印"按钮,弹出"水印"列表,在"水印"列表中单击"自定义水印"选项,如图 3-24 所示。

图 3-24 "水印"列表

步骤 11 弹出"水印"对话框,选中"文字水印"单选按钮,在"文字"文本框中输入作为水印的文字,设置字体为"华文新魏",字号为"自动",颜色为默认色,半透明,版式为"斜式",如图 3-25 所示,单击"确定"按钮完成水印设置。

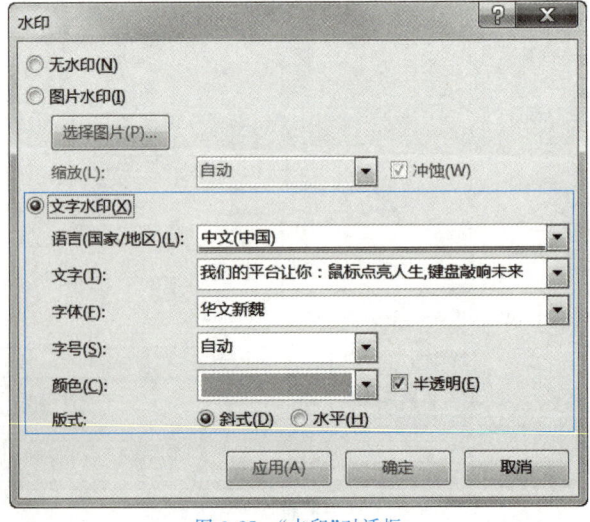

图 3-25 "水印"对话框

步骤 12　在"插入"|"文本"功能区中单击"文本框"按钮,弹出"文本框"列表,在"文本框"列表中单击"绘制横排文本框"选项,如图 3-26 所示。

步骤 13　鼠标指针在文档中即变成"＋",然后拖曳鼠标绘制文本框,如图 3-27 所示。

图 3-26　"文本框"列表　　　　图 3-27　文本框

步骤 14　在文本框内输入公司名称,选中字体。参照前面知识点设置字体为华文行楷、小一、加粗。

步骤 15　双击文本框,Word 转换到"绘图工具"|"格式"选项卡,单击"形状填充"下拉按钮,在弹出的列表中选择"无填充";单击"形状轮廓"下拉按钮,在弹出的列表中选择"无轮廓",如图 3-28 所示。

步骤 16　使用自己最熟悉的输入法将样文图 3-29 中文字录入公司招聘文档。

图 3-28　文本框轮廓设置列表　　　　图 3-29　公司招聘样文

步骤 17　选中正文的第一段文字,在"布局"|"页面设置"功能区中单击"分栏"按钮,弹出"分栏"列表。

步骤 18　在"分栏"列表中选择"更多分栏"选项,弹出"分栏"对话框,如图 3-30 所示。

步骤 19　在"分栏"对话框中设置栏数为"2",勾选"分隔线"复选框,如图 3-31 所示,单击"确定"按钮,分栏设置完成。

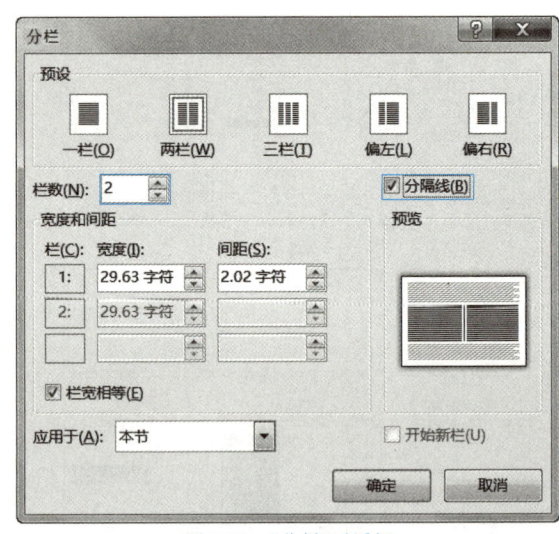

图 3-30 "分栏"列表　　　　图 3-31 "分栏"对话框

步骤 20　选中第一段第一个文字"重",在"插入"|"文本"功能区中单击"首字下沉"按钮,弹出"首字下沉"列表。

步骤 21　在"首字下沉"列表中单击"首字下沉选项",弹出"首字下沉"对话框,如图 3-32 所示。

步骤 22　在"首字下沉"对话框中单击"下沉"图标,在选项中设置字体为"华文新魏",下沉行数为"3",距正文"0 厘米",如图 3-33 所示,单击"确定"按钮完成首字下沉设置。

图 3-32 "首字下沉"列表　　　　图 3-33 "首字下沉"对话框

步骤 23　在"插入"|"插图"功能区中单击"形状"按钮,弹出"形状"列表,如图 3-34 所示。

步骤 24　在"形状"列表中选择"星与旗帜"组中的"爆炸形:14 pt"样式,然后在文本中拖曳鼠标绘制爆炸形图形,如图 3-35 所示。

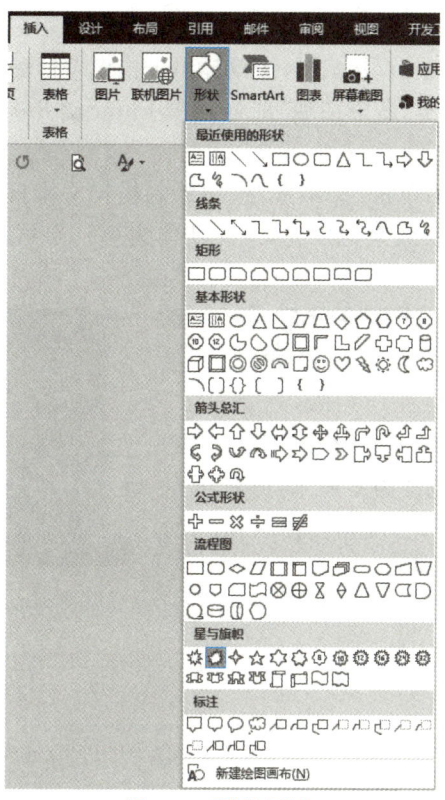

图 3-34 "形状"列表　　　　　　图 3-35 "爆炸形:14 pt"样式

步骤 25　双击"爆炸形:14 pt"样式图,转换到"绘图工具"|"格式"选项卡,在"大小"功能区中设置高度为 3.65 厘米,宽度为 6.55 厘米,如图 3-36 所示。

步骤 26　在"形状样式"功能区中单击"形状填充"下拉按钮,设置形状填充为黄色,形状轮廓为红色,形状效果为发光,发光变体为第二列第四个。

步骤 27　在"绘图工具"|"格式"选项卡"排列"功能区中单击"环绕文字"按钮,弹出"环绕文字"列表,选择"四周型",如图 3-37 所示。

图 3-36 图形大小设置　　　　图 3-37 "自动换行"列表

步骤 28 在"爆炸形：14 pt"样式图中输入文字"招聘"，字体设置为华文琥珀、小初（参考前面知识点）。然后选中"爆炸形：14 pt"样式图，用鼠标单击拖曳至标题右侧。

步骤 29 将鼠标插入点移至文档文本"薪资待遇"前连续按 Enter 键 8 次，为插入招聘岗位信息留出空间。

步骤 30 在"插入"|"文本"功能区中单击"文本框"按钮绘制横排文本框，设置文本框形状填充为黄色，形状轮廓为红色，形状效果为发光，发光变体为第二列第三个。具体设置参考前面知识点。

步骤 31 在"插入"|"插图"功能区中单击"形状"按钮，在弹出的"形状"列表"星与旗帜"组中选择"卷形：垂直"样式，然后在文本框中进行绘制，如图 3-38 所示。

步骤 32 双击"卷形：垂直"样式图，转换到"绘图工具"|"格式"选项卡，然后设置高度为 5.29 厘米，宽度为 5 厘米，形状填充为黄色，形状轮廓为红色，形状效果为发光，发光变体为第二列第三个，具体设置参考前面知识点。

步骤 33 选中"卷形：垂直"样式图并移至与招聘岗位文本框接上。

图 3-38 "卷形：垂直"样式图

> **知识小贴士**
>
> 用鼠标拖曳移动幅度较大，较难恰好达到合适位置，因此可以利用 Ctrl＋方向键微调位置。

步骤 34 按住 Ctrl 键分别选择文本框和"卷形：垂直"样式图，右击，弹出快捷菜单，单击"组合"选项，弹出"组合"子菜单，然后再单击"组合"选项，完成图形组合。如图 3-39 所示。

图 3-39 设置图形组合

步骤 35 选中组合好的岗位信息图形后，通过复制（Ctrl＋C 键）、粘贴（Ctrl＋V 键）功能再完成剩余三个岗位信息发布图形框的制作。

步骤 36 按效果图在组合成的信息发布图形框中输入招聘信息。字体为华文中宋、五号、标题加粗，段落对齐方式为"左对齐"。具体设置参考前面知识点。

步骤 37　选中薪资待遇、其他福利、邮件地址、电话号码等内容文字,在"设计"|"页面背景"功能区中单击"页面边框"按钮,然后在弹出的"边框和底纹"对话框中单击"底纹"选项卡,单击"填充"选项下拉按钮,弹出"颜色"列表,然后选择黄色,在"应用于"下拉列表中选择"文字",如图 3-40 所示,再单击"确定"按钮完成底纹设置。

图 3-40　"底纹"选项卡

步骤 38　选中公司简介最后一句和薪资待遇、其他福利文字内容,在"开始"|"字体"功能区中单击"下划线"下拉按钮,弹出"下划线"列表,选择"波浪线"样式,然后单击"下划线颜色"选项,在弹出的"颜色"列表中选择红色,完成下划线设置。如图 3-41 所示。

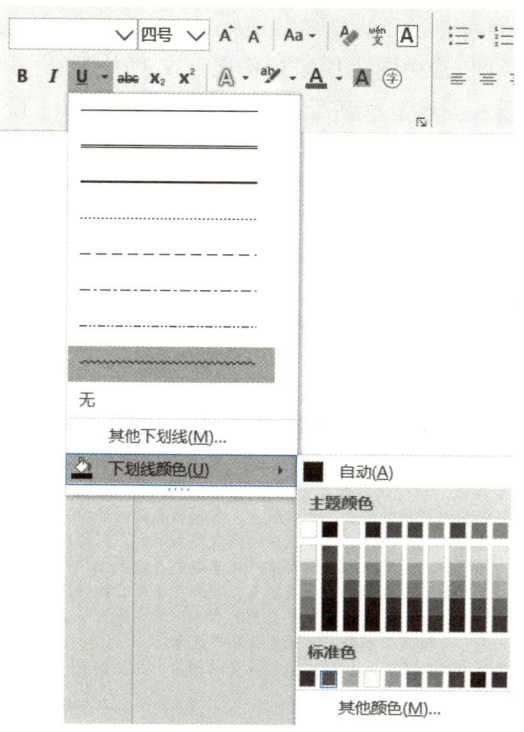

图 3-41　"下划线"列表

步骤 39　在"插入"|"插图"功能区中单击"图片"按钮,弹出"插入图片"对话框,在左侧组织结构中选择图片在计算机中的存放位置,然后在右侧图片显示区域中选择"Snap4.bmp"图片,单击"插入"按钮。如图3-42所示。

图3-42　"插入图片"对话框

步骤 40　双击插入的图片,转换到"绘图工具"|"格式"选项卡,然后参照前面知识点,将图片高度设置为4厘米,宽度设置为5厘米;"图片样式"为"柔化边缘矩形";"环绕文字"为"衬于文字下方"。

步骤 41　参照效果图,选中图片用鼠标拖曳至文档右下角。

步骤 42　将鼠标插入点移至电话号码前,参照步骤39～41设置电话图片,高度设置为1.2厘米,宽度设置为1.6厘米;"环绕文字"为"四周型"。

步骤 43　在"视图"|"视图"功能区中单击"阅读视图"按钮预览文档,然后保存并退出文档。

巩固与提高练习

新建一个Word文档,将图3-43所示样文录入文档。

无声环境的实验

科学家曾做过一个实验,让受试者进入一个完全没有声音的环境里。结果发现在这种极度安静的环境中,受试者不仅可以听到自己的心跳声、行动时衣服的摩擦声,甚至还可以听到关节的摩擦声和血液的流动声。半小时后,受试者的听觉更加敏锐,只要轻吸一下鼻子,就像听到一声大喝,甚至一根针掉在地上,也会感到像一记重锤敲在地面上。一个小时后,受试者开始极度恐惧;三至四小时后,受试者便会失去理智,逐渐走向死亡的陷阱。

平常,不少人也可能有这样的体验:从一个熟悉的音响环境中进入一个相对安静的环境中,听觉便会处于紧张状态,大脑思维也会一下子变得杂乱无章。

因此,在经济飞速发展的今天,人们既要减轻噪声的污染,也要创造一个和谐优美的音响环境,这样才有利于人体的身心健康。

图3-43　样文

(1)将标题段文字("无声环境的实验")设置为三号、绿色、仿宋、加粗、居中,段后间距设置为 0.5 行。

(2)给全文所有"环境"一词添加波浪下划线;将正文各段文字("科学家曾做过……身心健康。")设置为小四号、宋体;各段落左右各缩进 0.5 字符;首行缩进 2 字符。

(3)将正文第二、三段("平常……身心健康。")分为等宽两栏,栏宽 20 字符,栏间加分隔线。

任务 3-3　创建与编辑表格

实训目的

1.掌握 Word 创建表格的基本方法。
2.掌握 Word 表格的编辑方法。
3.掌握 Word 表格公式的运用。

实训内容

为重庆某软件公司制作一个"优秀员工推荐表",效果如图 3-44 所示。

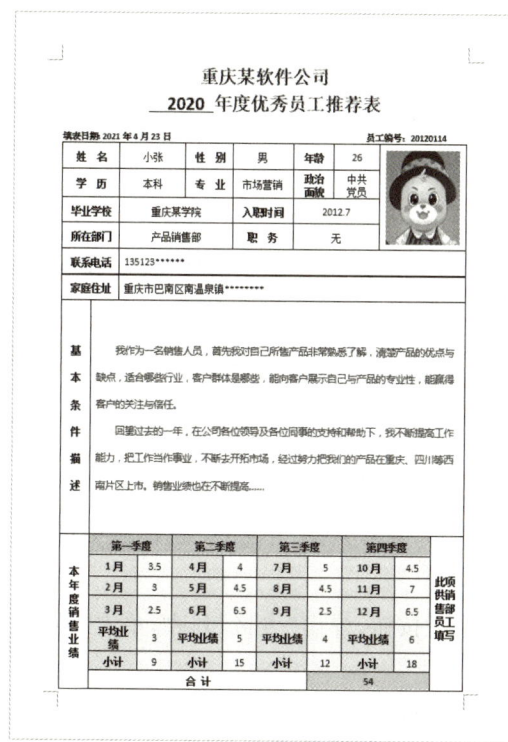

图 3-44　优秀员工推荐表

实训要求

1. 新建一个 Word 文档,保存在"D:\公司文档"文件夹,命名为"优秀员工推荐表.docx"。

2. 打开"优秀员工推荐表.docx"文档,设置上、下、左、右页边距均为 2 厘米。

3. 按图 3-44 输入标题,设置字体为宋体、二号、黑色、加粗,对齐方式为"居中"。

4. 在第三行输入填表日期、员工编号相关信息,设置字体为宋体、五号、黑色、加粗。

5. 创建一个 9 行 6 列的表格,设置表格所有框线为实线、1.5 磅、黑色,表格居中对齐,设置前 6 行表格行高为 1 厘米。

6. 按图 3-44 合并、调整、插入、删除单元格。

7. 按图 3-44 绘制第二页表格。

8. 在填表日期处插入日期。

9. 按图 3-44 录入员工编号,在表格中录入相关信息,字体为宋体、小四、黑色,对齐方式为"居中",名称项加粗。

10. 利用公式计算销售业绩表中平均业绩、小计、合计。

11. 按图 3-44 为各季度单元格设置"蓝-灰,文字 2,淡色 80%"底纹,为月份、平均业绩、小计单元格设置浅灰色底纹,为每月销售业绩单元格设置黄色底纹,为合计单元格设置浅红色底纹。

12. 在照片单元格内插入照片,设置高度为 3.8 厘米,宽度为 3.06 厘米。

13. 保存并退出文档。

实训操作步骤

步骤 1 新建一个 Word 文档,保存到"D:\公司文档"文件夹,并重命名为"优秀员工推荐表.docx"。

步骤 2 打开"优秀员工推荐表.docx",在"布局"|"页面设置"功能区"页边距"选项中设置上、下、左、右页边距均为 2 厘米。

步骤 3 在文档中输入标题,选中标题,在"开始"|"字体"功能区中设置字体为宋体、二号、黑色、加粗,在"开始"|"段落"功能区中设置段落对齐方式为居中。

步骤 4 在第三行输入"填表日期:""员工编号:",在"开始"|"字体"功能区中设置字体为宋体、五号、黑色、加粗。

步骤 5 在"插入"|"表格"功能区中单击"表格"按钮,弹出"表格"列表,单击"插入表格"选项,如图 3-45 所示。

步骤 6 弹出"插入表格"对话框,在"列数"文本框中输入 6,"行数"文本框中输入 9,如图 3-46 所示。单击"确定"按钮完成插入表格操作。

项目3　Word 2016软件应用

图 3-45　"表格"列表

图 3-46　"插入表格"对话框

知识小贴士

（1）利用"插入表格"选项创建表格

在"插入"｜"表格"功能区单击"表格"按钮弹出列表，然后在"插入表格"选项中选择需要的行数和列数后单击，即可在光标处插入表格。

（2）利用文本内容直接转换成表格

①在需要转换成表格的文本中添加段落标记和英文半角逗号，如图 3-47 所示。

图 3-47　为文本添加段落标记和英文半角逗号

②选中要转换成表格的所有文本，在"插入"｜"表格"功能区中单击"表格"按钮，在弹出的列表中选择"文本转换成表格"选项，弹出"将文字转换成表格"对话框，如图 3-48 所示。

图 3-48　"将文字转换成表格"对话框

69

③在"'自动调整'操作"栏中选择"固定列宽"、"根据内容调整表格"或"根据窗口调整表格"选项之一,以设置表格列宽。在"文字分隔位置"区,Word将自动选中文本中使用的分隔符,完成设置后单击"确定"按钮,转换成表格后的效果,如图3-49所示。

文本转换成表格	文本转换成表格	文本转换成表格	文本转换成表格
文本转换成表格	文本转换成表格	文本转换成表格	文本转换成表格
文本转换成表格	文本转换成表格	文本转换成表格	文本转换成表格
文本转换成表格	文本转换成表格	文本转换成表格	文本转换成表格

图 3-49　文本转换的表格

(3) 将表格转换成文本

①选择需要转换成文本的表格,在"表格工具"|"布局"|"数据"功能区中单击"转换为文本"按钮,弹出"表格转换成文本"对话框。

②在对话框的"文字分隔符"选项中选择"逗号",如图3-50所示,单击"确定"按钮,即可完成表格转换成文本操作。

图 3-50　"表格转换成文本"对话框

步骤 7　单击表格左上角的"⊞"按钮选择表格,Word转换到"表格工具"|"设计"选项卡,如图3-51所示。

图 3-51　"表格工具"|"设计"选项卡

步骤 8　在"表格工具"|"设计"选项卡"边框"功能区中选择边框线条样式为黑色实线,粗细为1.5磅。

步骤 9　单击"表格样式"功能区中"边框"按钮,弹出"边框"列表,如图3-52所示。在弹出的"边框"列表单击"所有框线"选项。完成表格边框设置,如图3-53所示。

图 3-52 "边框"列表

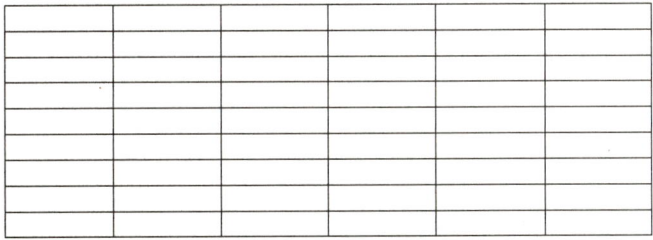

图 3-53 表格边框线设置样式

> **知识小贴士**
>
> (1) Word 2016 表格样式应用
>
> ①单击表格,然后在"表格工具"|"设计"|"表格样式"功能区中单击其他按钮"▽",弹出"表格样式"列表,如图 3-54 所示。
>
> ②在弹出的"表格样式"列表中单击需要的表格样式即可得到一个外观样式、字体格式等相应的表格。
>
> (2) Word 2016 创建自定义的表格样式
>
> ①在图 3-54 所示"表格样式"列表中单击"新建表格样式",弹出"根据格式化创建新样式"对话框,如图 3-55 所示。
>
> ②在对话框的"名称"文本框中输入新样式的名称"新建样式1","样式类型"选择默认的"表格"选项,"样式基准"按需求设置,如"流行型",在"将格式应用于"下拉列表中选择"整个表格"选项,然后再设置字体、字号等,设置完成后单击"确定"按钮即可完成自定义的表格样式设置。
>
> ③使用自定义设置好的表格样式参照表格样式应用步骤。

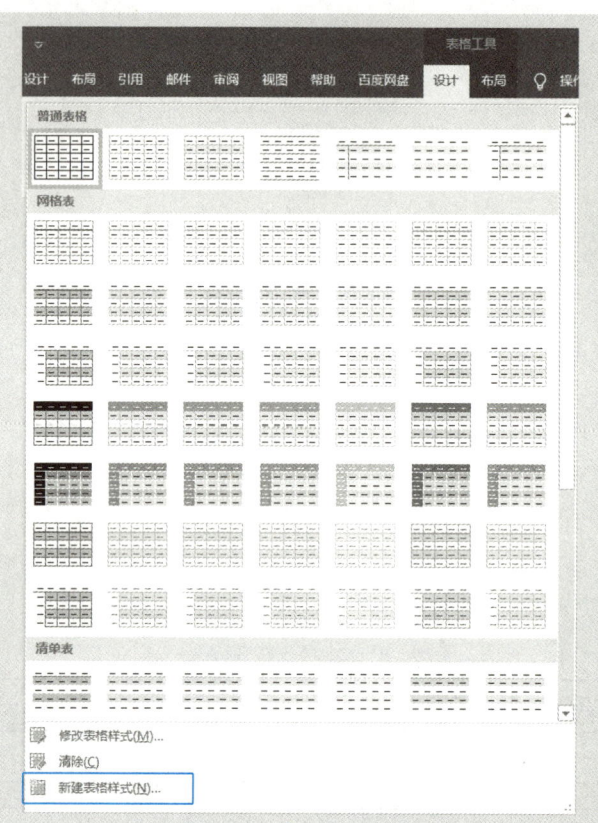

图 3-54 "表格样式"列表

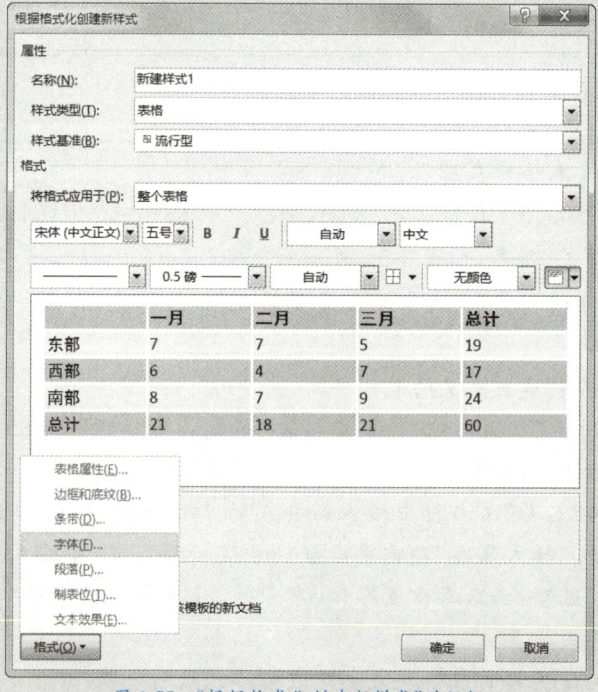

图 3-55 "根据格式化创建新样式"对话框

步骤 10　选中表格,在"开始"|"段落"功能区中单击"居中"按钮 ≡,完成表格居中设置。

步骤 11　选中表格前 6 行,右击,弹出表格设置快捷菜单,单击"表格属性"选项,如图 3-56 所示。

步骤 12　弹出"表格属性"对话框,单击"行"选项卡,在"尺寸"中勾选"指定高度"复选框,在后面文本框设置高度为 1 厘米,如图 3-57 所示。单击"确定"按钮完成行高设置。

图 3-56　表格设置快捷菜单

图 3-57　"表格属性"对话框

步骤 13　选中表格最后一行,右击,弹出表格设置快捷菜单,单击"删除单元格"选项,弹出"删除单元格"对话框,单击"删除整行"选项,如图 3-58 所示。单击"确定"按钮完成删除整行操作。

步骤 14　选中表格最后一列,右击,在弹出的表格设置快捷菜单中单击"插入"选项,弹出"插入"子菜单,单击"在左侧插入列"选项,如图 3-59 所示。完成表格插入列操作。

图 3-58　"删除单元格"对话框

图 3-59　"插入"子菜单

> **知识小贴士**
>
> 如果要在表格的末尾插入行,可以将光标定位在表格右下角的单元格中,按下 Tab 键即可。

步骤 15 选中第三行第二、第三个单元格,在"表格工具"|"布局"|"合并"功能区中单击"合并单元格"按钮,完成合并单元格设置,如图 3-60 所示。

步骤 16 根据图 3-44,按上述步骤合并需合并的单元格。

步骤 17 将鼠标移至表格第三列单元格边框,当鼠标成双向箭头"✥"时,单击并向右拖曳调整表格第三、第四列列宽,如图 3-61 所示。

图 3-60 合并单元格

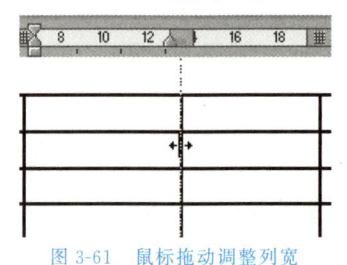

图 3-61 鼠标拖动调整列宽

步骤 18 根据图 3-44,按上述步骤调整需更改列宽的单元格。

> **知识小贴士**
>
> 更改两个相邻单元格的宽度,其方法是选中相邻两个单元格,将鼠标移至两个单元格共有边框,当鼠标成双向箭头"✥"时,根据需要向左、向右拖曳即可,如图 3-62 所示。

步骤 19 将鼠标移至表格第七行下边框,当鼠标成双向箭头"⇳"时,单击向下拖曳调整表格第七行高度,如图 3-63 所示。

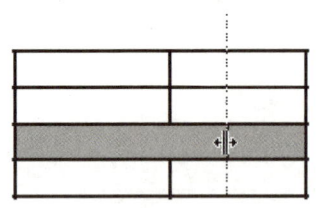

图 3-62 调整相邻两个单元格宽度   图 3-63 调整某一行行高

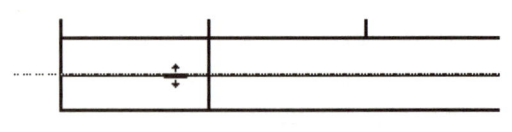

步骤 20 根据图 3-44,按上述步骤调整需更改行高的行。

步骤 21 在"表格工具"|"布局"|"绘图"功能区中单击"绘制表格"按钮,再在"表格工具"|"设计"|"边框"功能区中将表格边框线设置为黑色实线,1.5 磅,把鼠标移至文档,鼠标指针变成画笔"✎",在表格第八行内拖曳画笔绘制表格,如图 3-64 所示。

步骤 22 根据图 3-44,按上述步骤绘制第二页表格。

步骤 23 将光标移至第三行填表日期处,在"插入"|"文本"功能区中单击"日期和时间"按钮,弹出"日期和时间"对话框,在"语言(国家/地区)"下拉列表中选择"中文(中国)",在"可用格式"列表中选择"2021年4月23日"日期样式,如图3-65所示。单击"确定"按钮完成设置。

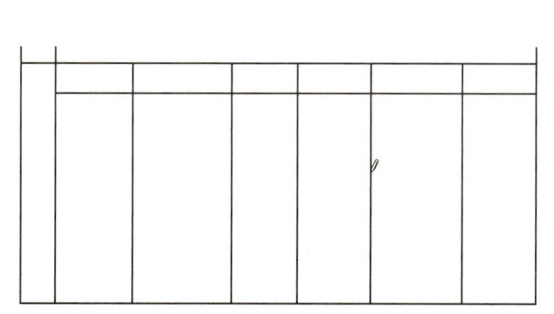

图3-64 绘制表格

图3-65 "日期和时间"对话框

> **知识小贴士**
>
> 除可用上述方法插入日期外,还可以按Alt+Shift+D快捷键插入当前日期,按Alt+Shift+T快捷键插入当前时间。日期和时间分别使用计算机系统设置的日期和时间。

步骤 24 按图3-44录入员工编号、表格数据,表格中字体为宋体、小四、黑色,对齐方式为"居中",名称项加粗。

步骤 25 将光标移至表格求第一季度平均业绩单元格,在"表格工具"|"布局"|"数据"功能区中单击"公式"按钮,弹出"公式"对话框。

步骤 26 在"公式"对话框"公式"文本框中先删除原有公式或函数,再输入"=",单击"粘贴函数"下拉按钮,弹出下拉列表,选择求平均函数"AVERAGE",如图3-66所示。然后输入求平均值单元格地址,如图3-67所示。单击"确定"按钮,完成公式计算。

图3-66 选择粘贴函数

图3-67 利用公式求平均值

知识小贴士

（1）Word 2016 公式应用补充说明

①录入公式、引用单元格地址均须采用英文输入法。

②在"公式"编辑框中除了可以利用函数来求值外，还可以输入具体的数值，利用四则混合运算来求值，如输入"＝(3.5＋3＋5)/3"，单击"确定"按钮即可计算出平均值。

③常用的函数有求和(SUM)，求最大值(MAX)，求最小值(MIN)。

（2）Word 2016 表格排序功能应用

①选择表格，在"表格工具"|"布局"|"数据"功能区中单击"排序"按钮，弹出"排序"对话框，如图 3-68 所示。

图 3-68 "排序"对话框

②在"排序"对话框"主要关键字"中根据需要选择关键字标题，在"类型"中根据需要选择排列类型名称，再选择"升序"或"降序"排列，设置完成后单击"确定"按钮即可完成排序功能应用。

步骤 27 根据上述知识点依次求出各季度平均值、小计及全年合计。

步骤 28 选中各季度单元格，在"表格工具"|"设计"|"表格样式"功能区单击"底纹"按钮，弹出"底纹"列表，选择"蓝-灰，文字 2，淡色 80%"，如图 3-69 所示，即可完成各季度单元格底纹设置。

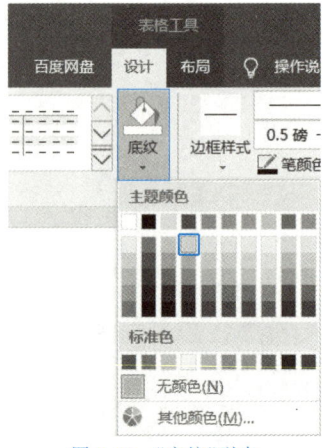

图 3-69 "底纹"列表

步骤 29　按上述步骤分别为月份、平均销售、小计单元格设置浅灰色底纹,为每月销售业绩单元格设置黄色底纹,为合计单元格设置浅红色底纹。

步骤 30　将光标移至照片单元格,在"插入"|"插图"功能区中单击"图片"按钮,在弹出的"插入图片"对话框中选择需插入的照片,再按前面知识点设置图片高度为 3.8 厘米,宽度为 3.06 厘米。

步骤 31　单击 🖫 按钮保存文档,再单击 ✖ 按钮关闭退出文档。

巩固与提高练习

1. 制作一个 8 行 5 列表格,设置表格列宽为 2.5 厘米、行高为 0.6 厘米、表格居中;设置外框线为红色、1.5 磅、双窄线、内框线为红色、1 磅、单实线,第 2、3 行间的表格线为红色、1.5 磅、单实线。

2. 再对表格进行如下修改:合并第 1、2 行第 1 列单元格,并在合并后的单元格中添加一条红色、0.75 磅、单实线对角线;合并第 1 行第 2、3、4 列单元格;合并第 8 行第 2、3、4 列单元格,并将合并后的单元格均匀拆分为两列;设置表格第 1、2 行为蓝色底纹。修改后的表格形式如图 3-70 所示。

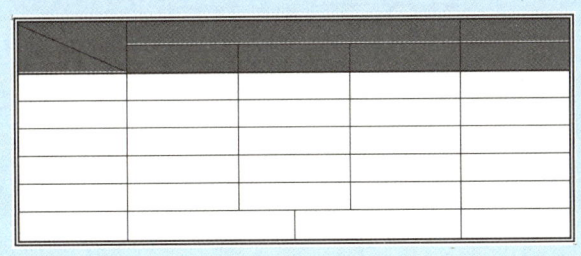

图 3-70　表格形式

任务 3-4　长文档编排

实训目的

1. 掌握艺术字的插入与编辑。
2. 掌握页眉与页脚的设置方法。
3. 掌握样式的创建与应用。
4. 掌握目录的设置方法。
5. 学会使用批注、脚注。

实训内容

根据公司要求对公司规章制度进行排版,效果如图 3-71 所示。

图 3-71　公司规章制度排版效果

实训要求

1.新建一个 Word 文档,保存在"D:\公司文档"文件夹,命名为"公司规章制度.docx"。

2.设置上、下、左、右页边距均为 2 厘米。

3.封面公司名称用艺术字排版,艺术字样式为第一列第三个样式,字体设置为仿宋、小初,文本填充、文本轮廓均为黑色,文本效果为发光变体第一列第四个样式。

4.按效果图设置封面,其"规章制度"字体设置为宋体、小初、加粗,居中对齐,拆分成 4 行,段前、段后间距 4 行。封面底部文字设置为仿宋、小二、加粗,居中对齐。

5.在第二页输入"目录"标题,字体为宋体、小二、加粗,居中对齐。

6.根据样图录入公司规章制度或打开未排版的原始文档,将内容复制到"公司规章制度"文档中。

7.定义样式:

设置章节总标题样式:字体为宋体、三号、加粗,段落设置为居中对齐,段前、段后间距 1 行。

设置章节子标题样式:字体为宋体、四号、加粗,段落设置为居中对齐,段前、段后间距 1 行。

设置正文样式：字体为宋体、四号，段落设置为两端对齐、首行缩进2个字符、1.5倍行距。

7．使用上述定义样式分别设置文中的一、二级标题和正文。

8．按图3-71，在第一条、第二十四条后插入脚注，序号采用"1，2，3，…"样式。

9．设置页眉：利用分隔符，采用首页不同，目录部分页眉用"目录"做页眉，正文从第一章开始，各章节第一页页眉用"本章标题"，第二页页眉用"重庆某软件有限公司规章制度"，奇偶页不同设置。

设置页码：目录部分用小写罗马数字连续编排，正文用阿拉伯数字连续编排。

10．插入文字水印：字体为"楷体"，字号为"自动"，颜色默认，"半透明"，版式为"斜式"。

11．在大纲视图中设置标题级别。

12．自动生成目录，显示级别为2级，显示页码，页码右对齐。目录行距为"单倍行距"。

13．保存并退出文档。

实训操作步骤

步骤1 新建一个Word文档，保存到"D:\公司文档"文件夹，并命名为"公司规章制度.docx"。

步骤2 在"布局"|"页面设置"功能区"页边距"选项中设置上、下、左、右页边距均为2厘米。

步骤3 将鼠标移至文档编辑区，在"插入"|"文本"功能区中单击"艺术字"，弹出艺术字样式列表，选择第一列第三个样式，然后在艺术字编辑框内输入公司名称，如图3-72、图3-73所示。

图3-72　艺术字样式列表　　　　图3-73　艺术字编辑框

步骤4 选中文字，在"开始"|"字体"功能区中设置字体为仿宋、小初。

步骤5 双击艺术字编辑框，在"绘图工具"|"格式"|"艺术字样式"功能区中选择"文本填充"选项，设置其填充颜色为黑色，选择"文本轮廓"选项，设置轮廓颜色为黑色，选择"文本效果"选项，设置为发光变体第一列第四个样式，如图3-74所示。

步骤6 用鼠标拖曳艺术字边框至文档上部居中位置。

步骤7 在编辑区输入"规章制度"，设置为宋体、小初、加粗，居中对齐，然后用换行方式将"规章制度"拆分成4行，设置段落方式为段前、段后间距4行。

图 3-74　艺术字样式设置

步骤 8　按图 3-71，在"规章制度"下录入文字，设置为仿宋、小二、加粗，居中对齐。至此封面设置完成。

步骤 9　将光标移至第二页，输入"目录"二字，设置为宋体、小二、加粗，居中对齐。

步骤 10　将光标移至第三页，按图 3-71 录入公司规章制度或打开未排版的原始文档，将内容复制到"公司规章制度"文档中。

步骤 11　在"开始"|"样式"功能区单击扩展按钮 ⌐，弹出"样式"窗格，如图 3-75 所示。

图 3-75　"样式"窗格

步骤 12　在"样式"窗格中单击"新建样式"按钮，弹出"根据格式化创建新样式"对话框，在"名称"文本框中输入"章节总标题"，"样式类型"设置为"段落"，"样式基准"设置为正文，在"格式"选项中设置字体为宋体、三号、加粗，如图 3-76 所示。

图 3-76 根据格式设置创建新样式

步骤 13 再单击"格式"按钮,弹出"格式"列表,单击"段落"选项,弹出"段落"对话框,然后设置章节总标题为居中对齐,段前、段后间距 1 行,如图 3-77、图 3-78 所示。

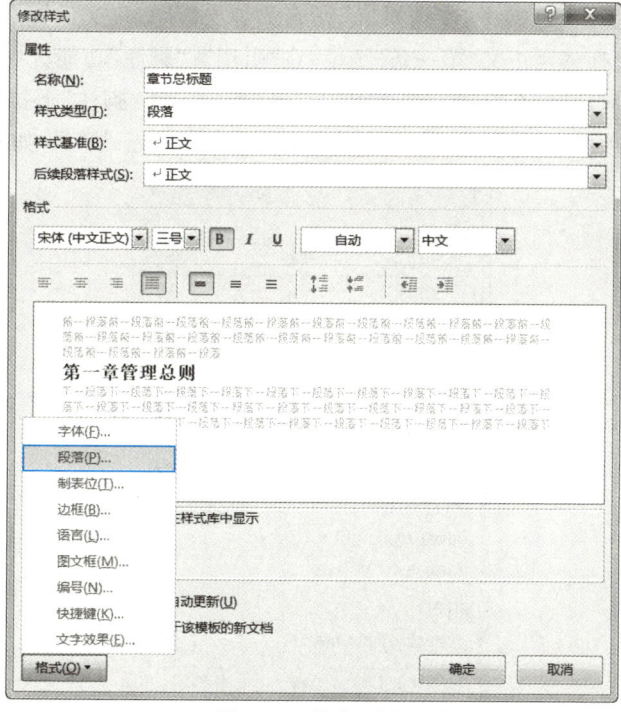

图 3-77 "格式"列表

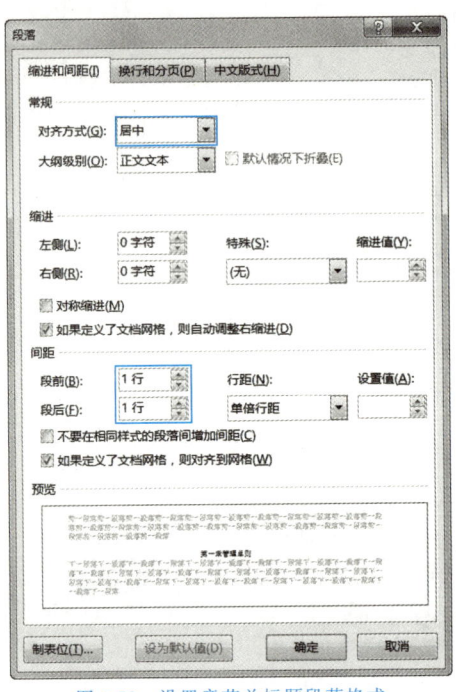

图 3-78 设置章节总标题段落格式

步骤 14 参照步骤 12、13 分别设置章节子标题、正文样式，具体参数参看实训要求。

步骤 15 在文档中选中"第一章　管理总则"等其他章节总标题，在"开始"|"样式"功能区中单击"章节总标题"样式即可完成章节总标题样式设置。

步骤 16 按上述步骤参考"实训要求"完成章节子标题、正文设置。

步骤 17 将光标移至正文"第一条"结尾，在"引用"|"脚注"功能区中单击扩展按钮，弹出"脚注和尾注"对话框，在"位置"选项组中选择"脚注"，在"脚注"下拉列表中选择"页面底端"；在"格式"选项组中"编号格式"下拉列表中选择"1,2,3,…"样式，如图 3-79 所示。

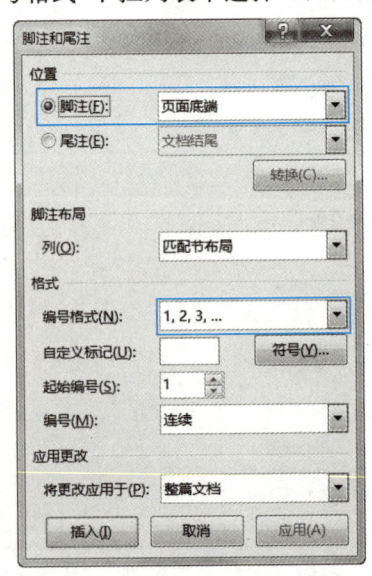

图 3-79 "脚注和尾注"对话框

步骤 18　单击"插入"按钮即可在该页底端插入脚注,如图 3-80 所示。

图 3-80　插入脚注样式

步骤 19　将光标移至正文"第二十四条"后,参照上述步骤插入脚注。

步骤 20　页眉设置。将光标移至章标题前,然后在"布局"|"页面设置"功能区中单击"分隔符"按钮,在"分隔符"下拉列表中选择分节符中的"连续"选项,如图 3-81 所示。

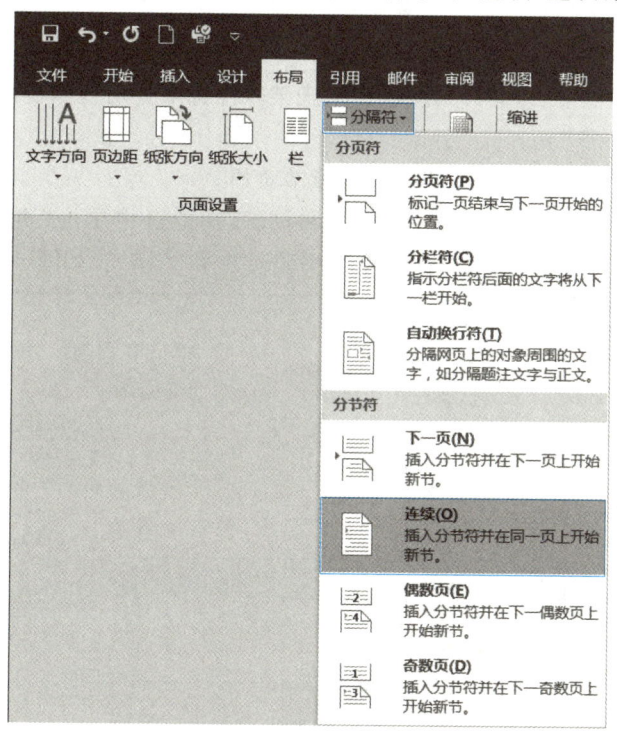

图 3-81　插入分隔符

步骤 21　将光标移至每章结尾处,按上述步骤插入"连续"分节符。

步骤 22　在"插入"|"页眉和页脚"功能区中单击"页眉"按钮,弹出"页眉"列表,单击"编辑页眉"选项,文档进入"页眉和页脚"编辑状态,在"页眉和页脚工具"|"设计"|"选项"功能区中勾选"首页不同""奇偶页不同""显示文档文字"复选框,如图 3-82 所示。

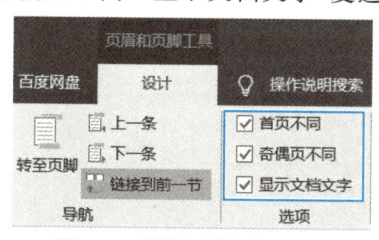

图 3-82　页眉和页脚选项设置

步骤 23　在章节总标题对应页眉编辑区内输入章节总标题名称,然后在"页眉和页脚工具"|"设计"|"导航"功能区中取消"链接到前一节",如图 3-83 所示。

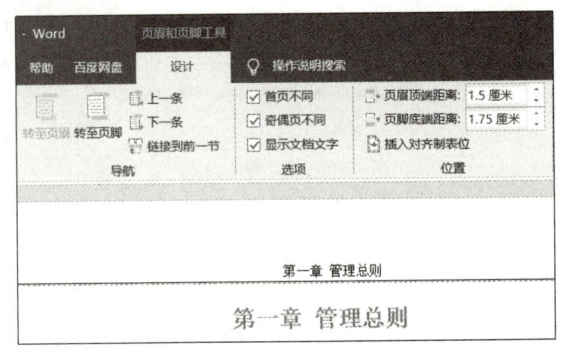

图 3-83 插入章节总标题页眉设置

步骤 24 在章节第二页页眉处输入"重庆某软件有限公司规章制度",然后按上述步骤取消"链接到前一节"。

步骤 25 按步骤 23、24 分别设置其他章节页眉。

步骤 26 插入页码。在"插入"|"页眉和页脚"功能区中单击"页码"按钮,弹出"页码"列表,在"页码"列表中选择"页面底端"中"普通数字 2"样式,如图 3-84 所示。

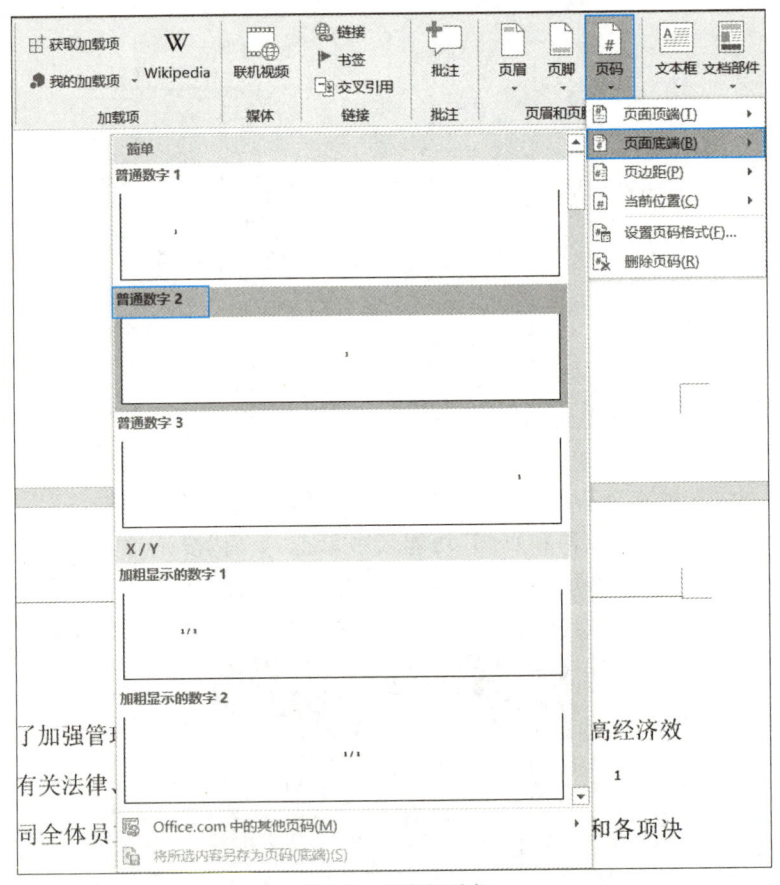

图 3-84 "页码"列表

步骤 27 将光标移至正文首页的页码,在"页眉和页脚工具"|"设计"|"页眉和页脚"功能区中选择"页码"按钮,选择"设置页码格式",弹出"设置页码格式"对话框。在"编号

格式"下拉列表中选择"1,2,3,…","页码编号"选择"起始页码",从1开始,如图3-85所示,单击"确定"按钮。

图3-85 "页码格式"对话框

步骤28 将光标移至目录页面页码处,按上述步骤在"页码"列表中单击"设置页码格式",弹出"页码格式"对话框,在"编号格式"下拉列表中选择"i,ii,iii,…"样式,起始页码为i,单击"确定"按钮完成目录页码设置。

步骤29 参照前面知识点插入水印。具体参数为:添加文字水印"公司规章制度",字体为"楷体",字号为"自动",颜色默认,"半透明",版式为"斜式",如图3-86所示。

图3-86 设置水印

步骤30 设置目录。选择文档中章节总标题,单击"开始"|"段落"功能区右下角的扩展按钮,弹出"段落"对话框,单击"大纲级别"下拉按钮,在"大纲级别"下拉列表中选择"1级"。如图3-87所示。

步骤31 按上述步骤设置章节子标题为"2级"。

步骤32 将光标移至目录页面第二行,在"引用"|"目录"功能区中单击"目录"按钮,弹出"目录"列表,单击"自定义目录"选项,如图3-88所示。

目录制作

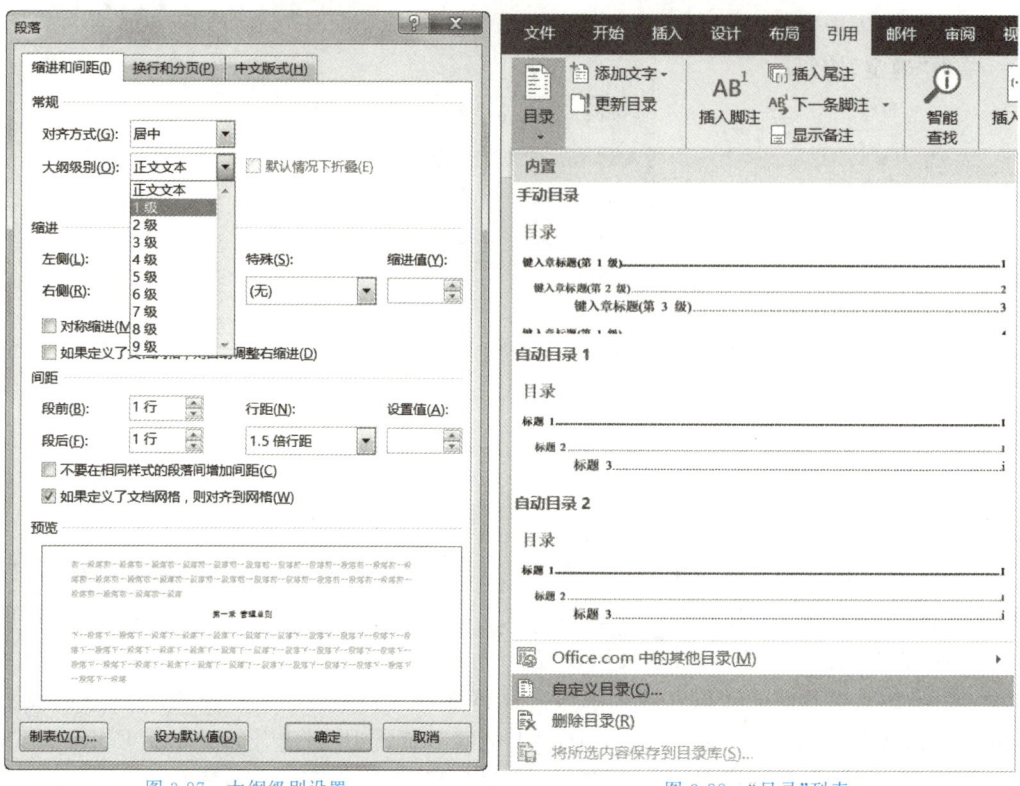

图 3-87 大纲级别设置

图 3-88 "目录"列表

步骤 33 弹出"目录"对话框,"目录"选项卡中,勾选"显示页码"和"页码右对齐"复选框,在"常规"选项设置"显示级别"为 2,如图 3-89 所示。单击"确定"按钮,自动生成目录。设置目录的行距为单倍行距,效果如图 3-90 所示。

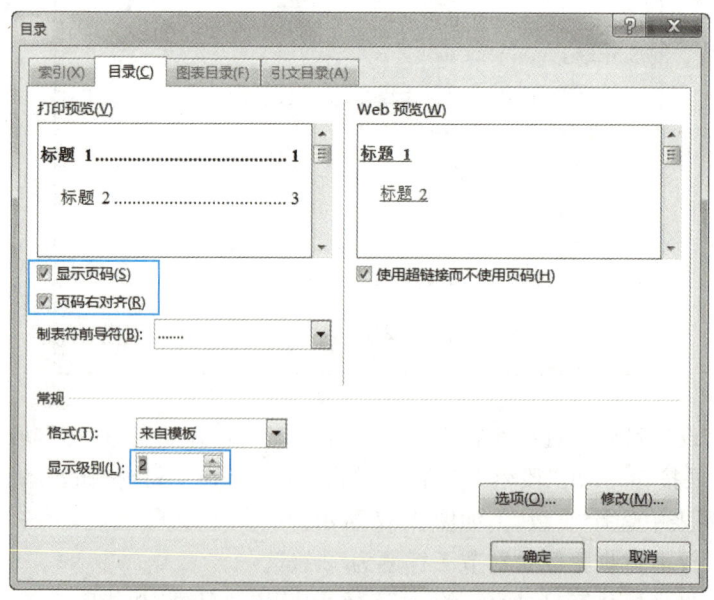

图 3-89 "目录"对话框

目　录

```
第一章  管理总则 .................................................................... 1
第二章  员工守则 .................................................................... 3
第三章  财务管理制度 ............................................................. 4
    第一节  总则 ..................................................................... 5
    第二节  财务机构与会计人员 ........................................... 5
    第三节  会计核算原则及科目报表 ................................... 5
    第四节  资金、现金、费用管理 ....................................... 7
    第五节  税收及利润分配 ................................................. 9
    第六节  利润上交和库存物资财务管理 ........................... 9
    第七节  会计凭证和档案保管 ........................................... 9
第四章  人事管理制度 ........................................................... 11
    第一节  总则 ................................................................... 11
    第二节  编制及定编 ....................................................... 11
    第三节  员工的聘（雇）用 ........................................... 11
    第四节  工资、奖金及待遇 ........................................... 12
    第五节  假期及待遇 ....................................................... 13
    第六节  辞职、辞退、开除 ........................................... 13
第五章  行政管理制度 ........................................................... 15
    第一节  总则 ................................................................... 15
    第二节  文件收发规定 ................................................... 15
    第三节  文件打印、复印管理规定 ............................... 15
    第四节  办公用品领用规定 ........................................... 16
    第五节  电话使用规定 ................................................... 16
    第六节  车辆使用管理规定 ........................................... 16
第六章  合同管理制度 ........................................................... 17
    第一节  总则 ................................................................... 17
    第二节  经济合同的签订及管理 ................................... 17
第七章  考勤制度 ................................................................... 19
第八章  保密制度 ................................................................... 20
第九章  安全保卫制度 ........................................................... 21
第十章  晋升制度 ................................................................... 23
    第一节  总则 ................................................................... 23
    第二节  分则 ................................................................... 23
第十一章  奖惩制度 ............................................................... 24
    第一节  总则 ................................................................... 24
    第二节  奖励 ................................................................... 24
    第三节  处罚 ................................................................... 25
```

图 3-90　目录设置效果

步骤 34　单击 🖫 按钮保存文档，再单击 ⊠ 按钮关闭文档。

知识小贴士

在一个比较长的 Word 文档中要快速定位到某个特定页时，可以借助 Word 提供的"定位"功能实现，操作步骤如下：

在"开始"|"编辑"功能区中单击"查找"按钮右侧的下拉三角按钮，在弹出的下拉列表中单击"转到"选项，如图 3-91 所示。

图 3-91　"转到"选项

在弹出的"查找和替换"对话框"定位"选项卡中，选择"定位目标"列表中的"页"选项，然后在"输入页号"文本框中输入目标页码，并单击"定位"按钮即可完成定位，如图 3-92 所示。

图 3-92 "定位"选项卡

巩固与提高练习

1. 将图 3-93 中的文字录入文档。

> **信息安全的重要性**
> 信息作为一种资源,它的普遍性、共享性、增值性、可处理性和多效用性,使其对于人类具有特别重要的意义。信息安全的实质就是要保护信息系统或信息网络中的信息资源免受各种类型的威胁、干扰和破坏,即保证信息的安全性。根据国际标准化组织的定义,信息安全性的含义主要是指信息的完整性、可用性、保密性和可靠性。信息安全是任何国家、政府、部门、行业都必须十分重视的问题,是一个不容忽视的国家安全战略。但是,对于不同的部门和行业来说,其对信息安全的要求和重点却是有区别的。
> 我国的改革开放带来了各方面信息量的急剧增加,并要求大容量、高效率地传输这些信息。为了适应这一形势,通信技术发生了前所未有的爆炸性发展。除有线通信外,短波、超短波、微波、卫星等无线电通信也正在被越来越广泛地应用。

图 3-93 样文

2. 将标题段文字("信息安全的重要性")设置为三号、黑体、红色、倾斜、居中,字符加粗,加阴影效果并添加蓝色底纹。

3. 将正文各段文字("信息作为一种资源……也正在越来越广泛地应用。")设置为五号、楷体;各段落左、右各缩进 0.5 字符,首行缩进 2 字符,1.5 倍行距,段前间距 0.5 行。

4. 将正文第二段("我国的改革开放……也正在越来越广泛地应用。")分为等宽两栏,栏宽 18 字符。

任务 3-5 邮件合并

实训目的

1. 掌握邮件合并功能。
2. 掌握 Word 2016 的综合运用。

邮件合并

实训内容

为重庆某软件公司批量制作员工工资清单，效果如图 3-94 所示。

图 3-94　员工工资清单样图

实训要求

1. 新建一个 Word 文档,保存在"D:\公司文档"文件夹,命名为"员工工资清单模板.docx"。

2. 打开"员工工资清单模板.docx"文档,设置纸张大小为 B5(JIS),上、下、左、右页边距均为 1.27 厘米,纸张方向为横向。

3. 按图 3-95 中工资清单样式在"员工工资清单模板"文档中制作员工工资清单。

图 3-95 工资清单样式

4. 利用邮件合并功能完成员工工资清单制作。

5. 为制作的员工工资清单设置打开密码。

6. 打印并保存员工工资清单。

实训操作步骤

步骤 1 新建一个 Word 文档,保存到"D:\公司文档"文件夹,并重命名为"员工工资清单模板.docx"。

步骤 2 打开"员工工资清单模板.docx"文档,在"布局"|"页面设置"功能区中单击

"页边距"按钮,在弹出的"页边距"列表中选择"窄"选项,即可完成上、下、左、右页边距均为 1.27 厘米的设置。单击"纸张方向"按钮,在"纸张方向"列表中选择"横向",单击"纸张大小"按钮,在"纸张大小"列表中选择"B5(JIS)"。

步骤 3 按图 3-95 中工资清单样式在"员工工资清单模板"文档中制作工资清单,具体制作步骤参照前面所学知识,在这里就不再阐述了。

步骤 4 在"邮件"|"开始邮件合并"功能区中单击"选择收件人"按钮,弹出"选择收件人"列表,选择"使用现有列表"选项,如图 3-96 所示。弹出"选取数据源"对话框,如图 3-97 所示。

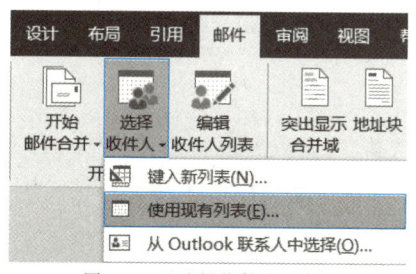

图 3-96 "选择收件人"列表

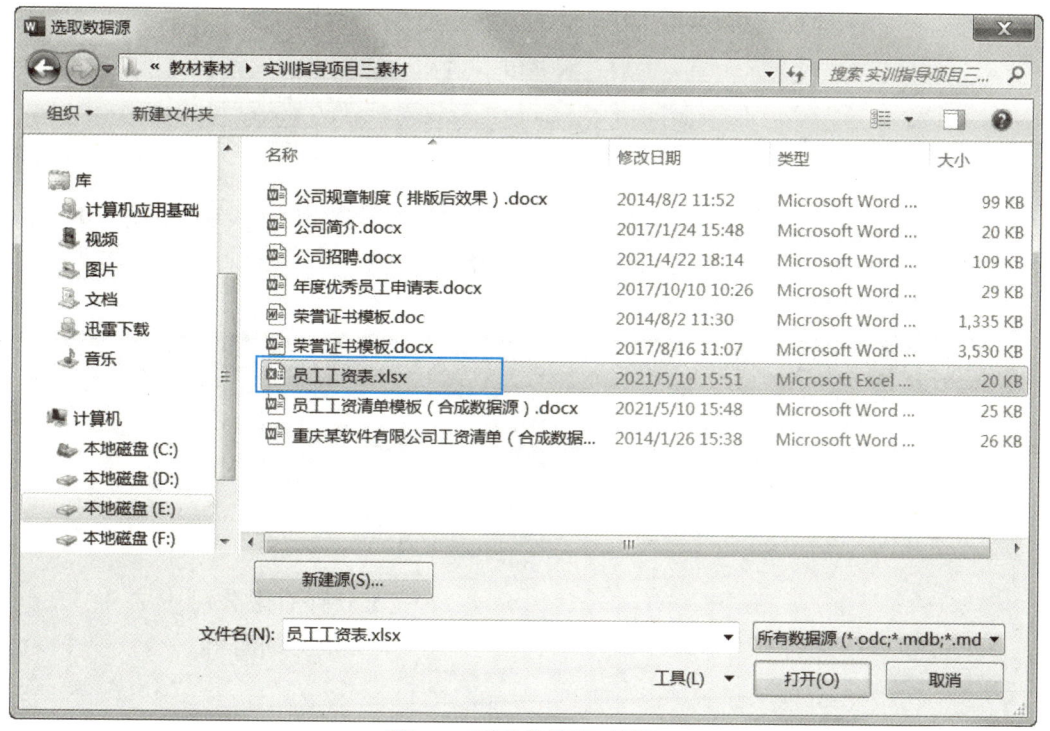

图 3-97 "选取数据源"对话框

步骤 5 在"选取数据源"对话框中选择本地磁盘中的"员工工资表.xlsx",然后单击"打开"按钮,弹出"选择表格"对话框,选择数据源所在工作表名称,单击"确定"按钮完成数据源选择。如图 3-98 所示。

图 3-98 "选择表格"对话框

> **知识小贴士**
>
> 员工工资表为 Excel 表格，当 Excel 表格作为 Word 邮件合并原始数据源时，该表格不能有合并单元格标题行，只能有列标题名，如图 3-99 所示。

图 3-99 员工工资表格

步骤 6 将插入光标移至插入姓名位置，在"邮件"|"编写和插入域"功能区中单击"插入合并域"按钮，弹出"插入合并域"列表，选择"姓名"选项，如图 3-100 所示。返回员工工资清单页面。

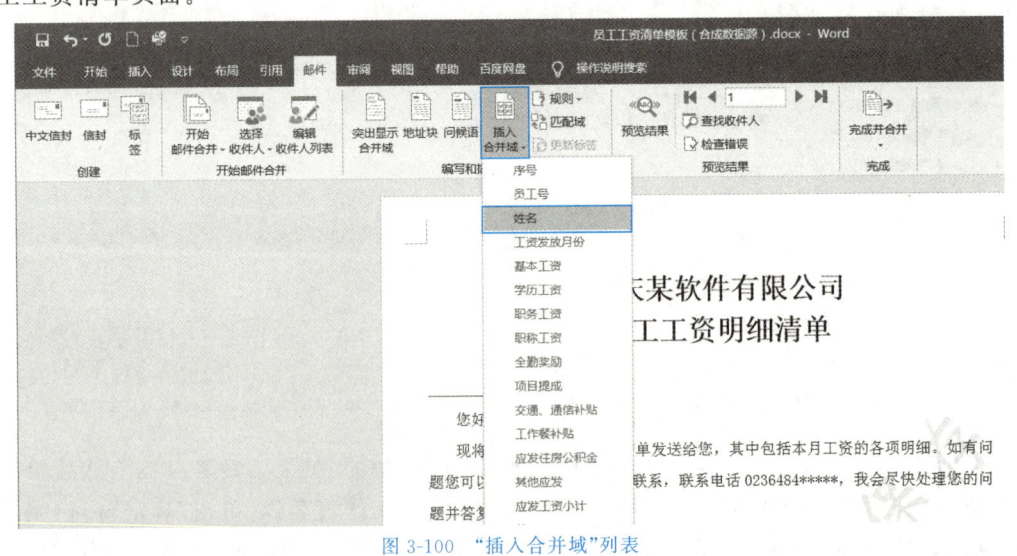

图 3-100 "插入合并域"列表

步骤 7 按上述步骤在各标题填充位置处插入对应的域，如图 3-101 所示。

重庆某软件有限公司
员工工资明细清单

　　《姓名》　：

您好！

　　现将《工资发放月份》工资清单发送给您，其中包括本月工资的各项明细。如有问题您可以随时与人事处某某某联系，联系电话0236484*****，我会尽快处理您的问题并答复结果。

工资明细清单如下：

应发工资明细	金额（单位：元）	扣款项目明细	金额（单位：元）
基本工资	《基本工资》	养老保险	《养老保险》
学历工资	《学历工资》	医疗保险	《医疗保险》
职务工资	《职务工资》	工伤保险	《工伤保险》
职称工资	《职称工资》	失业保险	《失业保险》
全勤奖励	《全勤奖励》	生育保险	《生育保险》
项目提成	《项目提成》	住房公积金	《上交住房公积金》
交通、通信补贴	《交通、通信补贴》	缺勤	《缺勤》
工作餐补贴	《工作餐补贴》	住宿员工水电扣款	《住宿员工水电扣款》
住房公积金	《应发住房公积金》	其他扣款	《其他扣款》
其他应发	《其他应发》	个人所得税	《个人所得税》
应发工资小计	《应发工资小计》	扣款项目小计	《扣款项目小计》
本月实发工资	《本月实发工资》		

重庆某软件有限公司

人事处

《发放日期》

图 3-101　插入域后的文档

知识小贴士

（1）插入域时一定要与标题（项目）名称对应，否则会出现张冠李戴的数据错误。

（2）对于插入的域，也可以通过字体、段落设置改变格式。

步骤8　在"邮件"|"完成"功能区中单击"完成并合并"按钮，弹出"完成并合并"列表，单击"编辑单个文档"选项，如图 3-102 所示。弹出"合并到新文档"对话框，如图 3-103 所示。

图 3-102　"完成并合并"列表　　　　图 3-103　合并到新文档

步骤 9　在"合并到新文档"对话框中选择"全部"选项,单击"确定"按钮即可完成所有员工工资清单制作,如图 3-94 所示。

步骤 10　在"员工工资清单"文档中单击"文件"|"信息"功能区中"保护文档"按钮,弹出"保护文档"列表,如图 3-104 所示。

图 3-104　"保护文档"列表

步骤 11　在"保护文档"列表中选择"用密码进行加密"选项,弹出"加密文档"对话框,如图 3-105 所示。

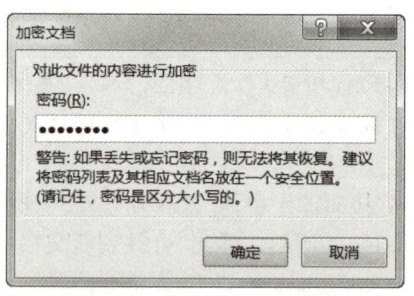

图 3-105　"加密文档"对话框

步骤 12　在"加密文档"对话框中输入密码,单击"确定"按钮,在弹出的"确认密码"对话框中再输入一次相同的密码,单击"确定"按钮,文档打开密码设置完成。

步骤 13　在"文件"|"打印"功能区中单击"打印"按钮即可完成打印。

步骤 14　单击 按钮保存文档,再单击 按钮关闭文档。

巩固与提高练习

单位年底要表彰一大批人，荣誉证书是必不可少的，请利用邮件合并功能完成荣誉证书的打印。荣誉证书模板、获奖信息如图3-106、图3-107所示。

图3-106 荣誉证书模板

图3-107 获奖信息表

项目 4
Excel 2016 软件应用

Excel 2016 是 Microsoft 公司开发的 Office 2016 办公组件之一,主要用于表格处理工作。Excel 2016 利用面向结果的全新用户界面,让用户可以轻松找到并使用功能强大的各种命令按钮,快速实现表格编辑、公式和函数、数据处理和图表制作。本项目以 Excel 2016 为例,介绍它在我们日常生活中的应用。

任务 4-1　Excel 工作表的基本操作

实训目的

1. 掌握 Excel 文件的创建、打开、保存及关闭的方法,熟悉工作表的基本操作。
2. 熟练掌握工作表中各类数据的输入方法及相关操作技巧。

实训内容

1. 学会启动 Excel 2016 的多种方法,创建新工作簿,并掌握基本使用方法。
2. 熟练掌握工作表数据的简单填充方法,掌握工作表数据的复杂填充方法。
3. 熟练掌握工作表的插入、删除、重命名、复制、移动等操作方法。
4. 掌握单元格的插入、删除、选定等操作方法。

实训要求

1. 新建一个 Excel 工作簿,保存在 D 盘"公司销售"文件夹内,命名为"销售业绩表"。将工作表"Sheet1"命名为"销售业绩表",保存并退出。

2.利用"销售业绩表",新建一个 Excel 文档,将"Sheet1"命名为"年度销售报表",将工作簿命名为"年度销售报表"后保存退出。

3.新建一个 Excel 工作簿,将"Sheet1"命名为"销售部产品明细",工作簿命名为"销售部产品明细",保存在 D 盘后退出。

4.在 D 盘"公司销售"文件夹下打开素材文件"全年产品销售情况表"工作簿,按具体要求填入数据。

5.在 D 盘"公司销售"文件夹下打开素材文件"存款情况"工作簿,按具体要求填入数据。

6.在 D 盘"公司销售"文件夹下打开素材文件"全年产品销售情况表"工作簿,删除"Sheet2"和"Sheet3"工作表,通过插入工作表建立"3月"至"12月"工作表。将"1月"工作表内容复制一份,重命名为"2月",并将工作表按月份顺序排列。

实训操作步骤

1.Excel 2016 的启动、打开、保存和关闭方法,工作表的管理

(1)新建"销售业绩表"工作簿

步骤 1 单击"开始"|"Excel 2016",如图 4-1 所示。启动 Excel 2016,系统新建一个默认名为"工作簿 1"的工作簿。

步骤 2 双击"Sheet1"工作表标签,"Sheet1"反白显示,如图 4-2 所示,直接输入"销售业绩表",工作表被命名为"销售业绩表"。

图 4-1 启动 Excel 2016

图 4-2 重命名工作表"Sheet1"

步骤 3 单击"文件"|"另存为"命令,在"另存为"界面中双击"这台电脑",如图 4-3 所示。弹出"另存为"对话框,选择保存位置为 D 盘"公司销售"文件夹,文件名为"销售业绩

表",保存类型为"Excel 工作簿(＊.xlsx)"。单击"保存"按钮,完成保存,如图 4-4 所示。

图 4-3 "文件"选项卡

图 4-4 "另存为"对话框

步骤 4 单击"文件"|"退出"命令,关闭 Excel 程序窗口。

(2)新建"年度销售报表"工作簿

步骤 1 打开 D 盘"公司销售"文件夹,双击"销售业绩表",打开后,单击"文件"|"新建"按钮,单击"空白工作簿",如图 4-5 所示。系统默认新建一个名为"工作簿 1.xlsx"的工作簿文件。

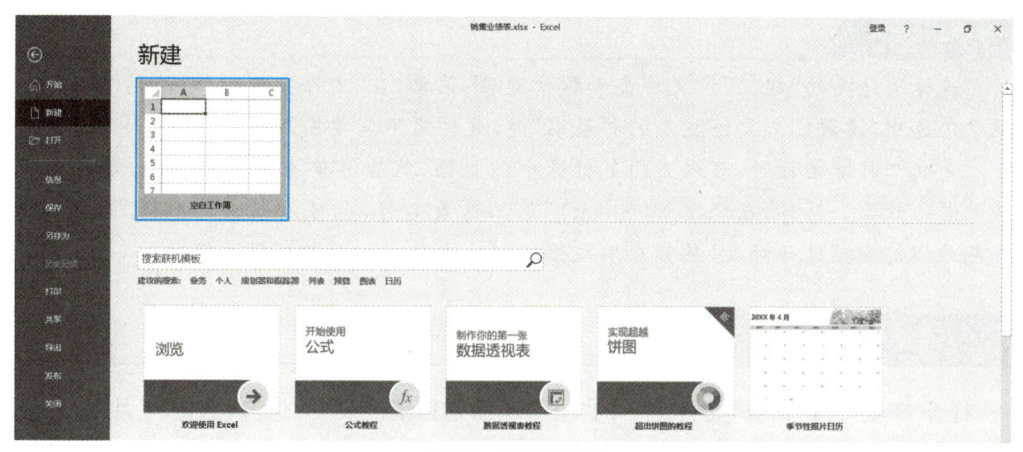

图 4-5　新建工作簿

步骤 2　右击"工作簿 1.xlsx"中"Sheet1"工作表,在弹出的快捷菜单中单击"重命名",为 Sheet1 工作表重命名为"年度销售报表",并保存在 D 盘"公司销售"文件夹中,将工作簿命名为"年度销售报表"。

(3)新建"销售部产品明细"工作簿

步骤 1　打开 D 盘,在空白处右击,在弹出的快捷菜单中选择"新建"|"Microsoft Excel 工作表",如图 4-6 所示,可以在 D 盘"公司销售"文件夹下新建一个名为"新建 Microsoft Excel 工作表"的空白工作簿文件。

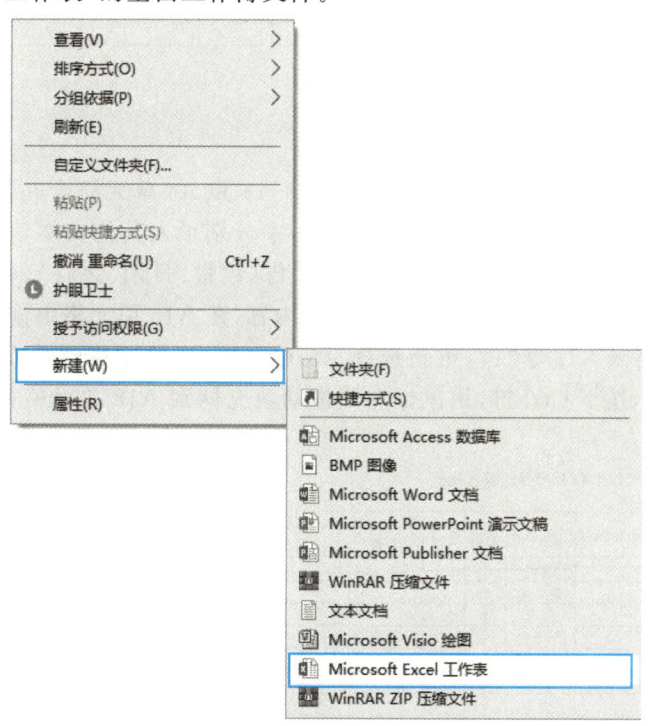

图 4-6　快捷菜单方式新建 Excel 工作表

步骤 2　新建后,文件名处于可编辑状态。将文件名更改为"销售部产品明细",双击打开该文档,将"Sheet1"工作表重命名为"销售部产品明细"。

> **知识小贴士**
>
> 　　选择文件夹的"组织"|"文件夹和搜索选项"菜单,在"文件夹选项"对话框"查看"选项卡中选中"隐藏已知文件类型的扩展名"时,文件名不需要输入.xlsx。
> 　　更改工作簿名称时,可以先用鼠标选中该文档,然后再单击该文档名,出现反色时即可进行修改。同样,在修改如"Sheet1"等工作表名时,也可以双击"Sheet1"处,出现反色时即可直接进行修改,鼠标在单元格任何地方单击一下即可保存修改。

2.数据的录入及填充

　　打开 D 盘"公司销售"文件夹下的"全年产品销售情况表"工作簿,选定"1月"工作表,进行数据填充,效果如图4-7所示。

A	B	C	D	E	F	G	H	I	J	K	L
××公司2020年1月产品销售明细表											
编制单位:											
序号	产品编号	产品名称	单位	库存	入 库			销 售			备注
					数量	日期	余存	数量	日期	余存	
1	09010001	边台	个	500			500	20	2020/1/2	480	
2	09010002	中央台	个	100			100			100	
3	09020001	吊柜	个	100			100			100	
4	09020002	天平台	个	400			400			400	
5	09020003	试剂架	个	1000			1000			1000	
6	09020004	水槽	个	500			500			500	
7	09020005	水龙头	个	5000			5000			5000	
8	09030001	水柜	个	200			200			200	
合计											

图4-7 "1月"工作表

具体操作步骤如下:

步骤1 一般文本的录入。

　　在 A1、A2 单元格中分别录入文本信息。将 A3 和 A4 单元格合并,录入"序号"。再在 B3:L4 单元格区域(部分单元格进行了合并)中分别录入其他文本信息:产品编号,产品名称,单位,库存,入库(数量、日期、余存),销售(数量、日期、余存),备注。在 C5:C12 单元格区域中输入产品名称和单位下方的具体内容,在 A13 单元格中输入"合计"。

　　在 A5 单元格录入序号"1",重新选择 A5 单元格,当鼠标移到单元格边缘出现"**+**"时,如图4-8所示,按下 Ctrl 键,用鼠标左键拖动填充柄到 A12 单元格松开,完成本列单元格数据的填充。

	A	B	C	D	E	F	G	H	I	J	K	L
1	××公司2020年1月产品销售明细表											
2	编制单位:											
3	序号	产品编号	产品名称	单位	库存	入 库			销 售			备注
4						数量	日期	余存	数量	日期	余存	
5	1		边台	个								
6			中央台	个								
7			吊柜	个								
8			天平台	个								
9			试剂架	个								
10			水槽	个								
11			水龙头	个								
12			水柜	个								
13	合计											

图4-8 数据填充

步骤2 数值的录入。

在 E5:E12、H5:H12、I2、K5:K12 单元格区域中录入数值型数据。

步骤 3　文本型数据的录入。

"产品编号"数值首位为零,必须按文本型数据录入。激活 B5 单元格,先录入英文输入法状态的单引号"'",然后输入内容"09010001",按 Enter 键。再用自动填充和录入相结合的方式依次完成本列产品编号单元格的内容。

> **知识小贴士**
>
> 在录入文本型数据的时候,也可以先设置该单元格格式为文本类型后再进行录入。

步骤 4　日期型数据的录入。

单击 J5 单元格,直接输入"2020/1/2"。

步骤 5　保存工作簿。

单击快速访问工具栏中的"保存"按钮,将所录入的内容保存。

3.各类数据的填充

打开"公司销售"文件夹下的"存款情况"工作簿,完成"存款情况"工作表的填充,具体操作步骤如下。

步骤 1　在第 1 行录入标题信息,如图 4-9 所示。

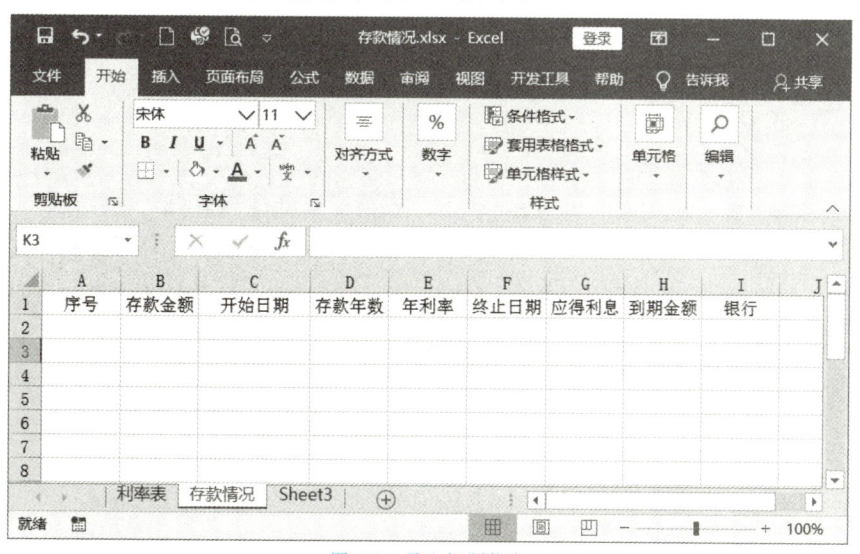

图 4-9　录入标题信息

步骤 2　数据的简单填充。

①在 A2 单元格中输入数值型数据"1",再次选中 A2 单元格,将光标移至右下角填充柄处,按下 Ctrl 键,用鼠标左键拖动填充柄到 A21 单元格松开,序号以步长为 1 的增量递增。

②在 C2 单元格中输入"2020/1/5",再次选中 C2 单元格,将光标移至右下角填充柄处,用鼠标左键拖动填充柄到 C11 单元格松开,日期以步长为 1 天的增量递增。

③在 B2:B21 单元格区域中录入数据。

步骤 3 数据的复杂填充。

单击 C12 单元格，输入“2020/3/2”，将光标移至右下角填充柄处，用鼠标左键拖动填充柄到 C21 单元格松开，在右下角展开快捷面板，选择“以月填充”，日期以步长为 1 个月的增量递增，如图 4-10 所示。

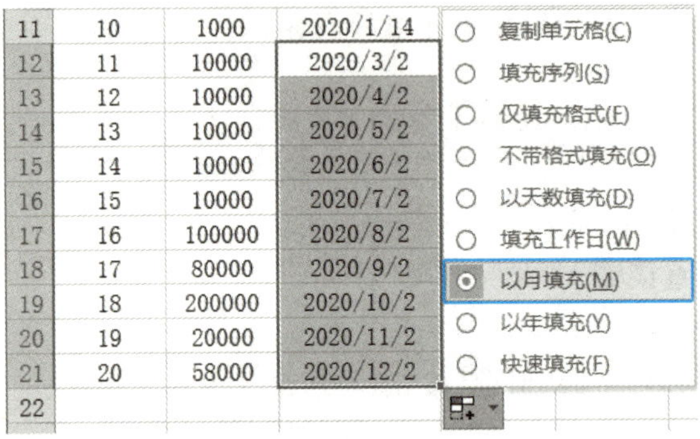
11	10	1000	2020/1/14
12	11	10000	2020/3/2
13	12	10000	2020/4/2
14	13	10000	2020/5/2
15	14	10000	2020/6/2
16	15	10000	2020/7/2
17	16	100000	2020/8/2
18	17	80000	2020/9/2
19	18	200000	2020/10/2
20	19	20000	2020/11/2
21	20	58000	2020/12/2
22			

图 4-10 数据的复杂填充

步骤 4 手动录入其他数据，如图 4-11 所示。

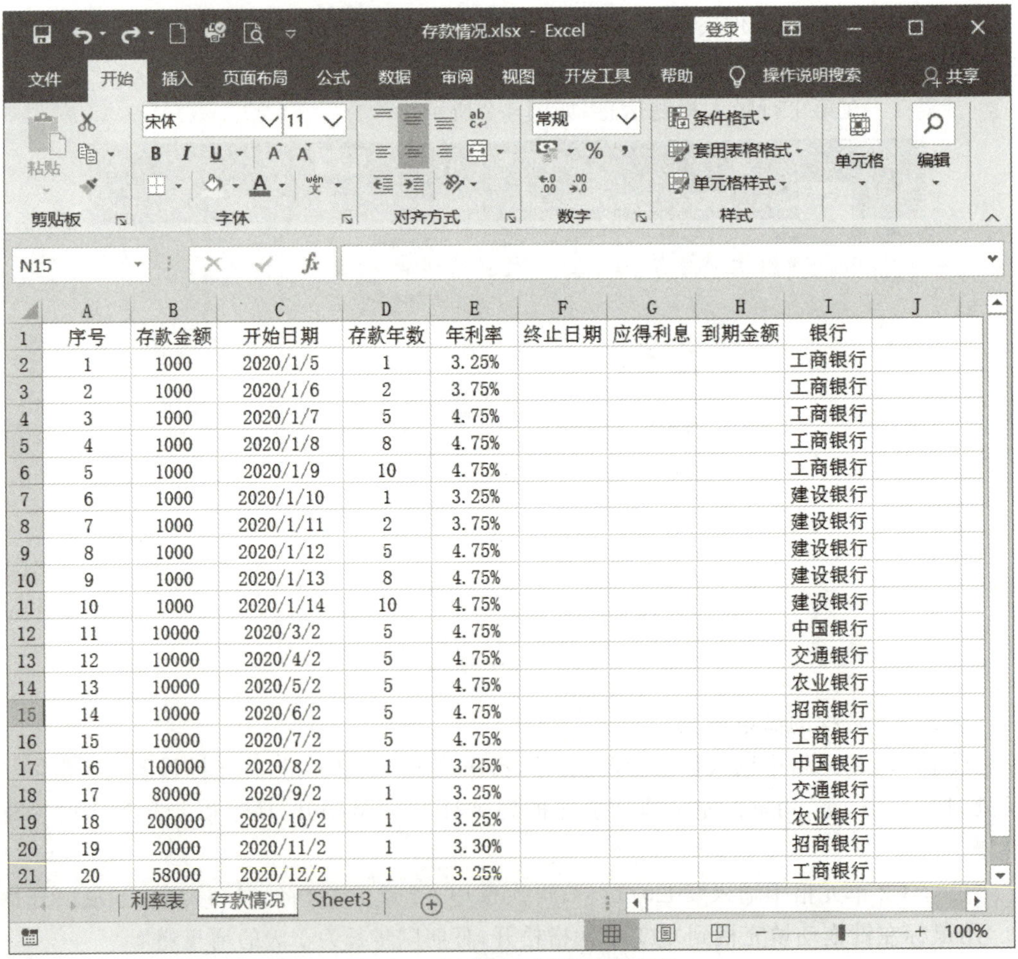

	A	B	C	D	E	F	G	H	I	J
1	序号	存款金额	开始日期	存款年数	年利率	终止日期	应得利息	到期金额	银行	
2	1	1000	2020/1/5	1	3.25%				工商银行	
3	2	1000	2020/1/6	2	3.75%				工商银行	
4	3	1000	2020/1/7	5	4.75%				工商银行	
5	4	1000	2020/1/8	8	4.75%				工商银行	
6	5	1000	2020/1/9	10	4.75%				工商银行	
7	6	1000	2020/1/10	1	3.25%				建设银行	
8	7	1000	2020/1/11	2	3.75%				建设银行	
9	8	1000	2020/1/12	5	4.75%				建设银行	
10	9	1000	2020/1/13	8	4.75%				建设银行	
11	10	1000	2020/1/14	10	4.75%				建设银行	
12	11	10000	2020/3/2	5	4.75%				中国银行	
13	12	10000	2020/4/2	5	4.75%				交通银行	
14	13	10000	2020/5/2	5	4.75%				农业银行	
15	14	10000	2020/6/2	5	4.75%				招商银行	
16	15	10000	2020/7/2	5	4.75%				工商银行	
17	16	100000	2020/8/2	1	3.25%				中国银行	
18	17	80000	2020/9/2	1	3.25%				交通银行	
19	18	200000	2020/10/2	1	3.25%				农业银行	
20	19	20000	2020/11/2	1	3.30%				招商银行	
21	20	58000	2020/12/2	1	3.25%				工商银行	

图 4-11 录入数据后的“存款情况”表

步骤 5 保存工作簿。

单击快速访问工具栏的"保存"按钮保存工作簿。

> **知识小贴士**
>
> 当数据较多时,为了方便我们始终看到指定的行和列标题,可以用到冻结窗格功能。
>
> 例如在"存款情况"工作簿中,需要快速查看不同银行的年利率,先选中 F2 单元格,在"视图"|"窗口"功能区中选择"冻结窗格"下的"冻结窗格"即可。同样,也可选择冻结首行或首列,如图 4-12 所示。

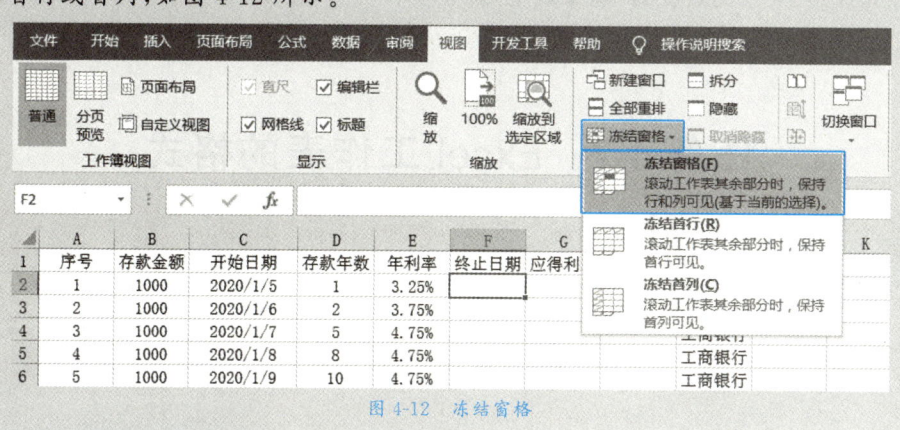

图 4-12 冻结窗格

4.工作表的管理

(1)插入、删除、重命名工作表

步骤 1 打开"全年产品销售情况表"工作簿,单击如图 4-13 所示的"插入工作表"按钮,新增一个工作表,双击新增的工作表名,反白显示后重命名为"3 月",重复以上操作,可建立"4 月"~"12 月"工作表。

图 4-13 插入工作表

步骤 2 按住 Ctrl 键分别选中 Sheet2、Sheet3 和 Sheet4 工作表,右击,弹出快捷菜单,选择"删除"命令,即可删除 Sheet2、Sheet3 和 Sheet4 工作表。

(2)复制工作表

步骤 1 选中"1 月"工作表标签,右击,弹出快捷菜单,选择"移动或复制"命令,弹出"移动或复制工作表"对话框。

步骤 2 在"下列选定工作表之前"列表中选择"1 月",并选中"建立副本"复选框,单击"确定"按钮,即在"1 月"的前面插入"1 月"的副本工作表"1 月(2)"。

步骤 3 将"1 月(2)"重命名为"2 月"。

（3）移动工作表

用鼠标左键拖动"2月"工作表标签，在标签区域里水平左右移动，按要求的顺序位置保存工作簿即可。

巩固与提高练习

在素材文件夹中打开"学生成绩表"工作簿，插入一个工作表，名为"期末成绩"，复制"原始成绩"表中的数据到"期末成绩"表中。

任务 4-2　Excel 工作表的格式

实训目的

1. 熟练掌握工作表的相关编辑方法。
2. 熟练掌握工作表的格式化处理方法。

实训内容

1. 对工作表进行编辑：插入、删除行和列，设置行高和列宽；插入、删除、合并及拆分单元格；单元格内容的复制、粘贴（选择性粘贴）、移动和清除。
2. 对工作表进行格式化处理："设置单元格格式"对话框中常用选项的设置。

实训要求

在 D 盘中打开"学习素材"文件夹下的"学生成绩表"工作簿，完成如下操作：

1. 在"原始成绩"工作表第 1 行前插入一行，输入标题"学生成绩表"，仿宋、16 号，跨列居中。
2. 在"思想道德修养与法律基础"列前插入一列，列标题为"性别"，并填充数据。
3. 在 C11 单元格中插入批注"2020 年由影视学院转入"，删除 C3 单元格批注，将 C7 单元格批注内容改为"2020 年退伍复学"。
4. 将单元格区域 A2:J25 设置边框，外边框为深蓝色双线，内边框为浅蓝色单线；宋体、10 号；水平居中，垂直居中。
5. 第 25 行行高为 20，其余为合适行高。
6. 将所有课程中低于 60 分的设置为红色、倾斜；高于 90 分的设置为绿色、加粗。
7. 将"原始成绩"工作表内容复制到"数据分析"工作表，并删除第 25 行。

实训操作步骤

1.单元格内容居中

步骤 1 打开"学生成绩表"工作簿,选中"原始成绩"工作表,在第 1 行前插入一行,输入"学生成绩表",将字体设为仿宋、16 号,选中 A1 到 J1 单元格区域,右击,弹出快捷菜单,选择"设置单元格格式",如图 4-14 所示。在"设置单元格格式"对话框的"对齐"选项卡中的"水平对齐"下拉列表中选择"跨列居中",如图 4-15 所示。单击"确定"按钮。

图 4-14 "设置单元格格式"菜单

图 4-15 设置跨列居中

步骤 2 在"思想道德修养与法律基础"列号上右击,在弹出的快捷菜单中选择"插入",即在当前列前插入一列,在 D2 单元格中输入"性别",并完成性别填充。

2.批注的插入、删除和编辑操作

步骤 1 右击 C11 单元格,弹出快捷菜单,选择"插入批注",如图 4-16 所示,在弹出的窗口中录入批注内容"2020 年由影视学院转入"。

图 4-16 插入批注

步骤 2 同理将 C3 单元格批注删除,将 C7 单元格批注重新编辑为"2020 年退伍复学"。

3.设置单元格格式

步骤 1 选中 A2:J25 单元格区域,右击,在弹出的快捷菜单中选择"设置单元格格式",选择"边框"选项卡,外边框设置为深蓝色双线,内边框设置为浅蓝色单线,如图 4-17 所示。

步骤 2 选中 A2:J25 单元格区域,设置字体为宋体、10 号,右击,在弹出的快捷菜单中选择"设置单元格格式",在弹出的对话框中,在"对齐"选项卡"水平对齐"下拉列表中选择"居中",在"垂直对齐"下拉列表中选择"居中",单击"确定"按钮完成设置。

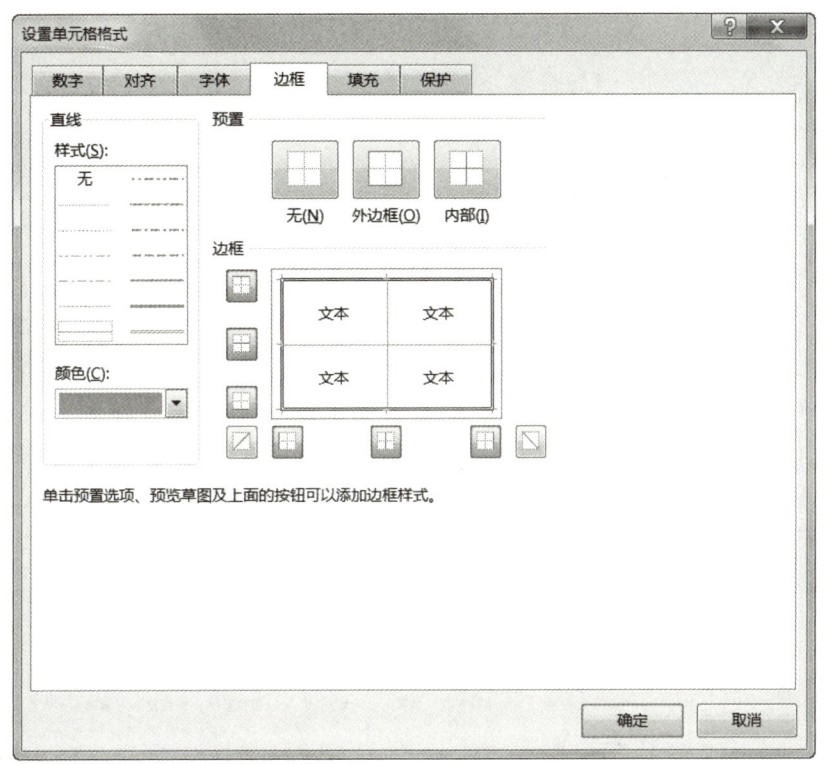

图4-17　设置单元格边框

4.设置行高、列宽

右击第25行,在弹出的快捷菜单中选择"行高",在"行高"对话框中输入"20",单击"确定"按钮即设置完成行高设置。

知识小贴士

右击列标号,在弹出的快捷菜单中选择"列宽",在"列宽"对话框中输入数值即可完成列宽设置。

5.按条件设置单元格内容格式

步骤1　选中E2到J2单元格区域,单击"数据"|"筛选"按钮,在各课程右下角出现如图4-18所示下拉按钮。

	A	B	C	D	E	F	G	H	I	J
1	学生成绩表									
2	序号	学号	姓名	性别	思想道德修养与法律基础	体育	大学英语	计算机基础	市场营销	基础会计学
3	1	130410101	曾江	男	80	86	83	88	87	78
4	2	130410102	陈慧君	女	78	85	69	94	92	72

图 4-18 设置筛选

步骤 2 单击 E2 单元格下拉按钮，选择"数字筛选"|"小于"，在弹出的对话框中输入 60，单击"确定"按钮，出现此门课程所有小于 60 分的成绩，将筛选出来的单元格中的字体设为红色、倾斜。选择"数字筛选"|"大于"，在弹出的对话框中输入 90，单击"确定"按钮，出现此门课程所有大于 90 分的成绩，将筛选出来的单元格中的字体设为绿色、加粗。

单击 E2 单元格下拉按钮，选择"全选"，显示全部数据。其他列按照步骤 2 的方法进行设置，格式化完成后如图 4-19 所示。

	A	B	C	D	E	F	G	H	I	J
1	学生成绩表									
2	序号	学号	姓名	性别	思想道德修养与法律基础	体育	大学英语	计算机基础	市场营销	基础会计学
3	1	130410101	曾江	男	75	86	83	88	87	78
4	2	130410102	陈慧君	女	60	85	69	94	92	72
5	3	130410103	陈钦陈	男	83	81	88	58	82	82
6	4	130410104	邓辉	男	73	90	73	88	92	78
7	5	130410105	侯冰	男	33	90	80	90	80	80
8	6	130410106	李丽	女	75	85	78	63	73	81
9	7	130410107	李鹏民	男	82	60	67	68	63	77
10	8	130410108	李青红	女	60	85	84	83	88	83
11	9	130410109	李奕	男	50	88	70	70	80	71
12	10	130410110	李月辉	女	60	93	47	75	82	68
13	11	130410111	廖航	男	68	83	80	95	94	85
14	12	130410112	刘莉莉	女	65	80	77	85	79	70
15	13	130410113	刘毅	男	73	90	86	80	71	78
16	14	130410114	吕颂华	女	84	77	74	68	63	79
17	15	130410115	马蔚为	男	95	64	72	60	64	88
18	16	130410116	宋斌	女	68	91	80	88	75	80
19	17	130410117	王花花	女	80	88	70	71	61	81
20	18	130410118	唐雪实	女	80	90	83	91	96	90
21	19	130410119	天心龙	男	86	81	77	57	56	80
22	20	130410120	王凯伊	女	61	85	70	78	70	79
23	21	130410121	吴丽萍	女	83	81	88	58	82	82
24	22	130410122	杨林	男	69	80	74	83	82	86
25	平均分									

图 4-19 "学生成绩表"格式化完成后效果

知识小贴士

为了便于更直观地观察数据情况,可以利用条件格式功能实现。例如在"学生成绩表"中对"思想道德修养与法律基础"这门课程使用条件格式:

选择 E3:E24 单元格区域,在"开始"|"样式"功能区中单击"条件格式"下拉按钮,在弹出的下拉菜单中选择"图标集"里"方向"下的"五向箭头(彩色)",如图 4-20 所示。

图标集

图 4-20 设置条件格式

6.单元格的复制、粘贴和删除

步骤 1 选定"原始成绩"工作表的 A 列到 J 列,按 Ctrl+C 键;再选中"数据分析"工作表标签,选中 A1 单元格,按 Ctrl+V 键,将内容粘贴到"数据分析"工作表。

步骤 2 在"数据分析"工作表中,在行标号 25 处右击,在弹出的快捷菜单中选择"删除",即把第 25 行整行删除。

巩固与提高练习

1.打开 D 盘"学习素材"文件夹中"学生成绩表",插入一个工作表,命名为"期末成绩",复制"原始成绩"表中的数据到"期末成绩"表。在最上面插入一行,录入标题"××学院 2019—2020 学年第一学期成绩统计表",并设置在 A1:J1 单元格区域跨列居中。

2.设置标题字体为黑体、16 号。

3.为最后完成的工作表修整边框,设置外边框的颜色为红色,样式为双线。

注:第 2 题到第 3 题都在工作表"期末成绩"中操作。

4.在"原始成绩"表中计算出各科的平均分,并填入工作表各科对应的平均分单元格中,要求保留两位小数。

任务 4-3　Excel 的公式和函数

实训目的

1.掌握 Excel 工作表中公式的输入和使用技巧。

2.掌握 Excel 工作表中函数的使用方法,熟练掌握常用函数的使用及其技巧。

实训内容

1.使用公式求平均值,自定义公式。

2.常用函数(SUM、AVERAGE、MAX、MIN 等)和复杂函数(RANK.EQ、COUNTA、VLOOKUP)的应用。

实训要求

1.打开 D 盘"学习素材"文件夹中"学生成绩表"工作簿,使用公式计算"原始成绩"工作表中所有学生的成绩平均分。

2.打开 D 盘"公司销售"文件夹中的"全年产品销售情况表"工作簿,计算"2 月"工作表中库存、入库余存和出库余存的各项数据值。并按照边台 1 200 元、中央台 5 000 元、吊柜 1 000 元、天平台 2 200 元、试剂架 300 元、水槽 500 元、水龙头 10 元、水柜 200 元的单价计算各项余存的金额。金额设为货币型,保留两位小数,符号为"¥",负数形式为第五种。

3.利用函数在"学生成绩表"工作簿中计算"原始成绩"工作表中所有学生的成绩平均分,总分的"最高分"和"最低分";按总分进行排名。

4.在"销售报表"工作簿"销售业绩表"工作表中按合并单元格格式填充序号和计算合计。

5.打开 D 盘"公司销售"文件夹中的"商品信息"工作簿,在"Sheet2"工作表中查询"商品单价"工作表中的商品品名和单价,并计算金额。

实训操作步骤

1.公式的应用

公式是利用运算符把单元格数值、单元格地址连接在一起的算术式。操作时需要在选中的单元格中先输入"="或者是在"编辑栏"中输入"=",再输入公式,按 Enter 键完成公式的输入。

知识小贴士

所有运算符和标点符号必须在英文输入法状态下进行输入。

(1)计算平均分

打开"学生成绩表"工作簿,选定"原始成绩"工作表,在"姓名"后插入一列"平均分",选中 D2 单元格,输入"=(E2+F2+G2+H2+I2+J2)/6",按 Enter 键完成公式的输入。再次选中 D2 单元格,拖动填充柄至 D23 单元格松开,完成全部计算,保留两位小数。如图 4-21 所示。

	A	B	C	D	E	F	G	H	I	J
1	序号	学号	姓名	平均分	思想道德修养与法律基础	体育	大学英语	计算机基础	市场营销	基础会计学
2	1	130410101	曾江	82.83	75	86	83	88	87	78
3	2	130410102	陈慧君	78.67	60	85	69	94	92	72
4	3	130410103	陈钦陈	79.00	83	81	88	58	82	82
5	4	130410104	邓晖	82.33	73	90	73	88	92	78
6	5	130410105	侯冰	75.50	33	90	80	90	80	80
7	6	130410106	李丽	75.83	75	85	78	63	73	81
8	7	130410107	李鹏民	69.50	82	60	67	68	63	77
9	8	130410108	李青红	80.50	60	85	84	83	80	81
10	9	130410109	李奕	71.50	50	88	70	70	80	71
11	10	130410110	李月辉	70.83	60	93	47	75	82	68
12	11	130410111	廖航	84.17	68	85	80	80	94	85
13	12	130410112	刘莉莉	76.00	65	80	77	85	79	70
14	13	130410113	刘毅	80.67	73	90	86	80	77	78
15	14	130410114	吕颂华	74.17	84	75	74	68	63	79
16	15	130410115	马蔚为	73.83	95	64	72	60	64	88
17	16	130410116	宋斌	80.33	8	91	80	88	75	80
18	17	130410117	王花花	75.17	80	88	70	71	61	81
19	18	130410118	唐雪实	88.33	80	90	83	91	96	90
20	19	130410119	天心龙	72.83	86	88	77	57	56	73
21	20	130410120	王凯伊	75.33	61	85	79	78	70	79
22	21	130410121	吴丽萍	79.00	83	81	88	58	82	82
23	22	130410122	杨林	79.00	69	86	74	83	82	86
24	平均分									

图 4-21 用公式求"平均分"

(2)自定义公式的使用

步骤 1 打开“全年产品销售情况表”工作簿，选定“2 月”工作表，清除 E5:K12 单元格区域内容。再次选中 E5 单元格，输入“='1 月'! E5”，按 Enter 键完成输入，拖动填充柄至 E12 单元格松开，完成全部计算，如图 4-22 所示。

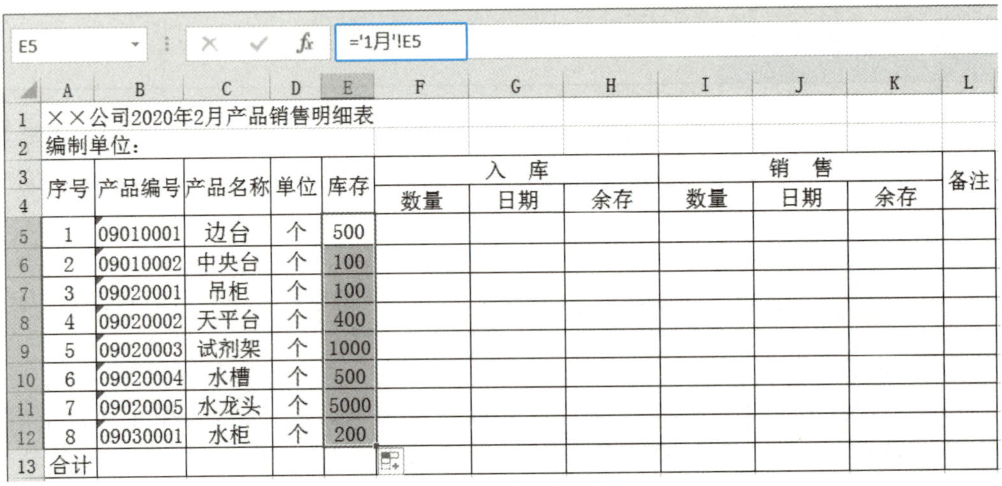

E5 ='1月'!E5

	A	B	C	D	E	F	G	H	I	J	K	L
1	××公司2020年2月产品销售明细表											
2	编制单位:											
3	序号	产品编号	产品名称	单位	库存	入　库			销　售			备注
4						数量	日期	余存	数量	日期	余存	
5	1	09010001	边台	个	500							
6	2	09010002	中央台	个	100							
7	3	09020001	吊柜	个	100							
8	4	09020002	天平台	个	400							
9	5	09020003	试剂架	个	1000							
10	6	09020004	水槽	个	500							
11	7	09020005	水龙头	个	5000							
12	8	09030001	水柜	个	200							
13	合计											

图 4-22　自定义公式的使用

步骤 2 选中 H5 单元格，输入“=E5+F5”，按 Enter 键。选中 K5 单元格，输入“=E5+H5”，按 Enter 键。按步骤 1 的方法，用填充柄完成 H6 至 H12 单元格区域、K6 至 K12 单元格区域的计算。

步骤 3 在“备注”前插入一列，合并 L3:L4 单元格，输入“金额”，按照边台 1 200 元、中央台 5 000 元、吊柜 1 000 元、天平台 2 200 元、试剂架 300 元、水槽 500 元、水龙头 10 元、水柜 200 元的单价，分别在 L5 至 L12 单元格区域计算金额，如在 L5 单元格中输入“=K5*1200”，依次完成 L6 至 L12 单元格区域金额的计算。完成后如图 4-23 所示。

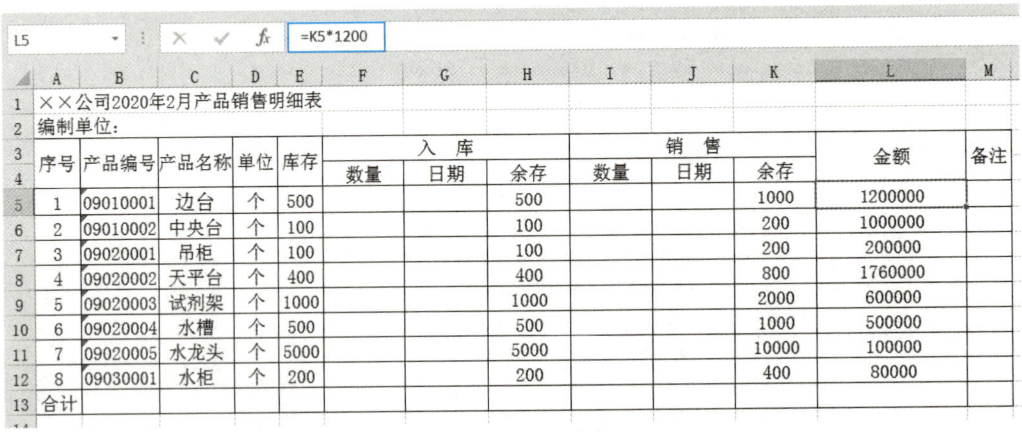

L5 =K5*1200

	A	B	C	D	E	F	G	H	I	J	K	L	M
1	××公司2020年2月产品销售明细表												
2	编制单位:												
3	序号	产品编号	产品名称	单位	库存	入　库			销　售			金额	备注
4						数量	日期	余存	数量	日期	余存		
5	1	09010001	边台	个	500			500			1000	1200000	
6	2	09010002	中央台	个	100			100			200	1000000	
7	3	09020001	吊柜	个	100			100			200	200000	
8	4	09020002	天平台	个	400			400			800	1760000	
9	5	09020003	试剂架	个	1000			1000			2000	600000	
10	6	09020004	水槽	个	500			500			1000	500000	
11	7	09020005	水龙头	个	5000			5000			10000	100000	
12	8	09030001	水柜	个	200			200			400	80000	
13	合计												

图 4-23　“2 月”工作表

步骤 4 选中 L5 至 L12 单元格区域，将单元格设置为货币型，保留两位小数，货币符号为“¥”，负数形式为第五种。单击“确定”按钮完成设置，如图 4-24 所示。

图 4-24 设置单元格为货币格式

> **知识小贴士**
>
> 除了可以用填充柄方式填充公式外,还可以复制和移动公式。
>
> 例如,在"全年产品销售情况表"工作簿"2月"工作表中,当 H6 单元格到 H12 单元格中还未输入公式时,先选中 H5 单元格,用 Ctrl+C 键复制公式,在 H6 单元格用 Ctrl+V 键粘贴公式,此时公式里的行、列号也会自动更新为当前单元格的行、列号;如要将 E13 单元格数据移动到 A14 单元格,可选中 E13 单元格,移动鼠标至边框处,出现十字箭头时即可拖动该单元格内容到 A14 单元格,也可用此方法将单元格内容移动到任意位置。

2.函数的应用

函数是一个预先定义好的内置公式,可以利用它进行更复杂的运算,一般通过"公式"选项卡"插入函数"按钮实现函数的调用。也可在选中单元格后,单击编辑栏的 *fx* 按钮调用函数。

(1)MAX、MIN、AVERAGE 函数的使用

步骤 1 打开本任务已计算完平均分的"学生成绩表"工作簿,选中"原始成绩"工作表,在第 24 行的"平均分"行前插入两行,分别为"最高分"和"最低分",行高设为 20,如图 4-25 所示。

	A	B	C	D	E	F	G	H	I	J
1	序号	学号	姓名	平均分	思想道德修养与法律基础	体育	大学英语	计算机基础	市场营销	基础会计学
2	1	130410101	曾江	82.83	75	86	83	88	87	78
3	2	130410102	陈慧君	78.67	60	85	69	94	92	72
4	3	130410103	陈钦陈	79.00	83	81	88	58	82	82
5	4	130410104	邓晖	82.33	73	90	73	88	92	78
6	5	130410105	侯冰	75.50	33	90	80	90	80	80
7	6	130410106	李丽	75.83	75	85	78	63	73	81
8	7	130410107	李鹏民	69.50	82	60	67	68	63	77
9	8	130410108	李青红	80.50	60	85	84	83	88	83
10	9	130410109	李奕	71.50	50	88	80	70	70	71
11	10	130410110	李月辉	70.83	60	93	47	75	82	68
12	11	130410111	廖航	84.17	68	83	80	95	94	85
13	12	130410112	刘莉莉	76.00	65	80	77	85	79	70
14	13	130410113	刘毅	80.67	73	90	86	80	77	78
15	14	130410114	吕颂华	74.17	84	77	74	68	63	79
16	15	130410115	马蔚为	73.83	95	64	72	60	64	88
17	16	130410116	宋斌	80.33	68	91	80	88	75	80
18	17	130410117	王花花	75.17	80	88	70	71	61	81
19	18	130410118	唐雪实	88.33	80	90	83	91	96	90
20	19	130410119	天心龙	72.83	86	81	77	57	56	80
21	20	130410120	王凯伊	75.33	61	85	79	78	70	79
22	21	130410121	吴丽萍	79.00	83	81	88	58	82	82
23	22	130410122	杨林	79.00	69	80	74	83	82	86
24	最高分									
25	最低分									
26	平均分									

图 4-25 插入"最高分"行和"最低分"行

步骤 2 选择 E24 单元格,直接在"公式"|"函数库"功能区选择"自动求和"下拉菜单中的"最大值"选项,如图 4-26 所示,单元格区域为 E2:E23,按 Enter 键确认。或单击编辑栏的 fx 按钮,在弹出的对话框中选择"MAX",单击"确定"按钮,接着在弹出的"函数参数"对话框中选择默认函数参数,如图 4-27 和图 4-28 所示,单击"确定"按钮即完成计算。

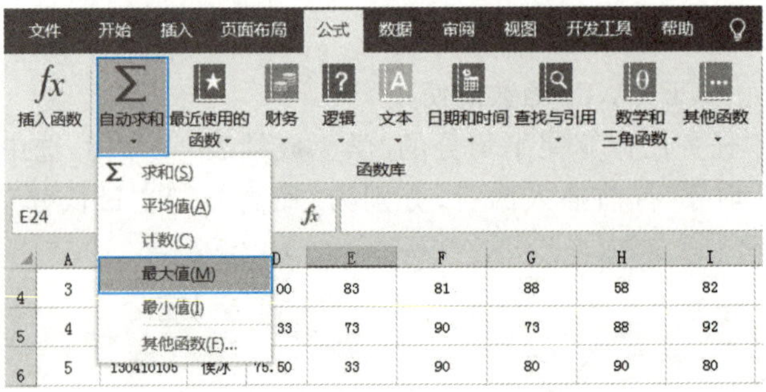

图 4-26 "最大值"函数

图 4-27　从编辑栏插入函数

图 4-28　"函数参数"对话框

步骤 3　按照步骤 2 的方法,分别在 E25 单元格选择 MIN 函数计算最低分和在 E26 单元格选择 AVERAGE 函数计算平均分。

(2)RANK.EQ 函数的使用

步骤 1　继续在"学生成绩表"工作簿的"原始成绩"工作表中进行操作。在 K1 单元格中输入"总分",选中 K2 单元格,在编辑栏中输入函数"＝SUM(E2:J2)",按 Enter 键确认。或直接单击"开始"|"编辑"功能区"自动求和"按钮 Σ 完成 E2:J2 单元格区域的求和计算。用拖动填充柄的方式完成 K3:K23 单元格区域的求和计算,如图 4-29 所示。

排名

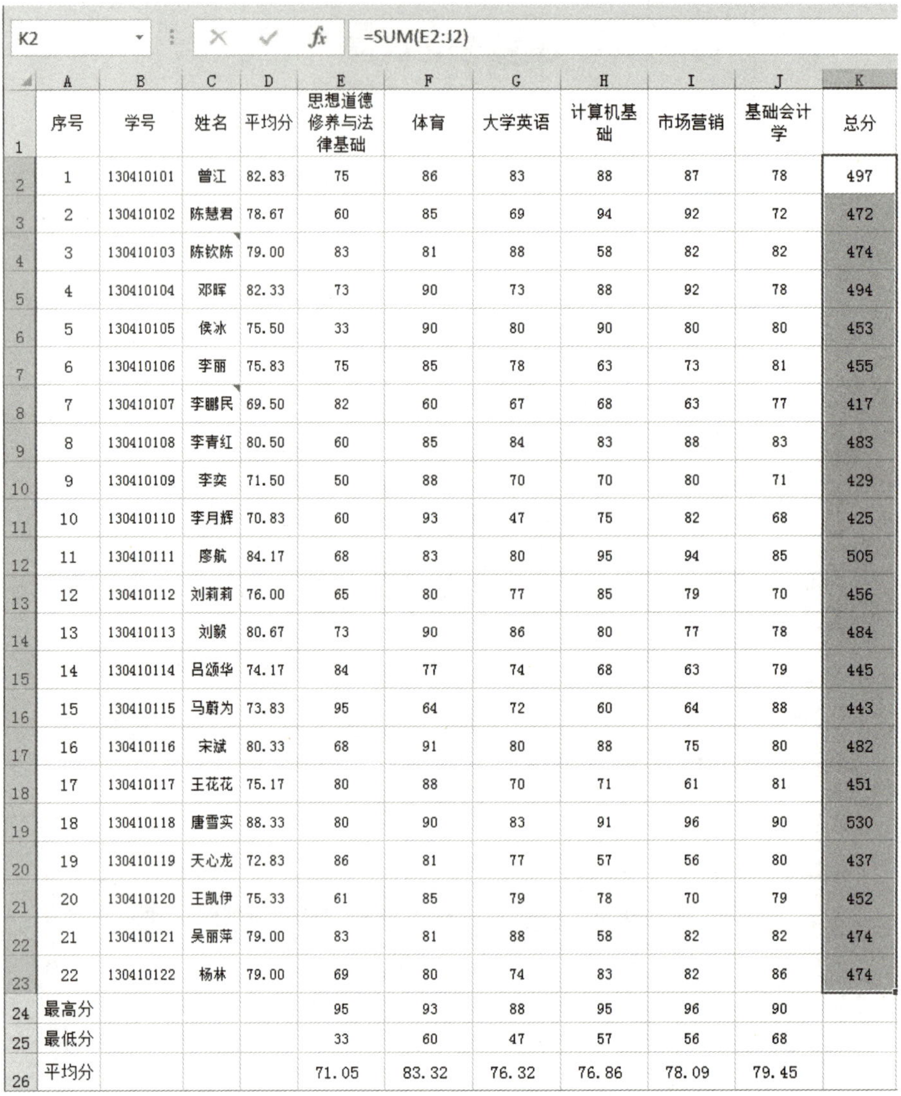

	A	B	C	D	E	F	G	H	I	J	K
1	序号	学号	姓名	平均分	思想道德修养与法律基础	体育	大学英语	计算机基础	市场营销	基础会计学	总分
2	1	130410101	曾江	82.83	75	86	83	88	87	78	497
3	2	130410102	陈慧君	78.67	60	85	69	94	92	72	472
4	3	130410103	陈钦陈	79.00	83	81	88	58	82	82	474
5	4	130410104	邓晖	82.33	73	90	73	88	92	78	494
6	5	130410105	侯冰	75.50	33	90	80	90	80	80	453
7	6	130410106	李丽	75.83	75	85	78	63	73	81	455
8	7	130410107	李鹏民	69.50	82	60	67	68	63	77	417
9	8	130410108	李青红	80.50	60	85	84	83	88	83	483
10	9	130410109	李奕	71.50	50	88	70	70	80	71	429
11	10	130410110	李月辉	70.83	60	93	47	75	82	68	425
12	11	130410111	廖航	84.17	68	83	80	95	94	85	505
13	12	130410112	刘莉莉	76.00	65	80	77	85	79	70	456
14	13	130410113	刘毅	80.67	73	90	86	80	77	78	484
15	14	130410114	吕颂华	74.17	84	77	74	68	63	79	445
16	15	130410115	马蔚为	73.83	95	64	72	60	64	88	443
17	16	130410116	宋斌	80.33	68	91	80	88	75	80	482
18	17	130410117	王花花	75.17	80	88	70	71	61	81	451
19	18	130410118	唐雪实	88.33	80	90	83	91	96	90	530
20	19	130410119	天心龙	72.83	86	81	77	57	56	80	437
21	20	130410120	王凯伊	75.33	61	85	79	78	70	79	452
22	21	130410121	吴丽萍	79.00	81	88	58	82	82	474	
23	22	130410122	杨林	79.00	69	80	74	83	82	86	474
24	最高分				95	93	88	95	96	90	
25	最低分				33	60	47	57	56	68	
26	平均分				71.05	83.32	76.32	76.86	78.09	79.45	

图 4-29 完成求和计算

步骤 2 在 L1 单元格中输入"名次",选择 L2 单元格,单击编辑栏 f_x 按钮,在弹出的"插入函数"对话框中搜索"RANK.EQ"函数,单击"确定"按钮后,弹出"函数参数"对话框,输入参数,在"Number"中输入"K2",在"Ref"中输入绝对地址"＄K＄2：＄K＄23",单击"确定"按钮。如图 4-30 所示。

步骤 3 选中 L2 单元格,用填充柄的方式,完成 L3:L23 单元格区域的名次计算,如图 4-31 所示。

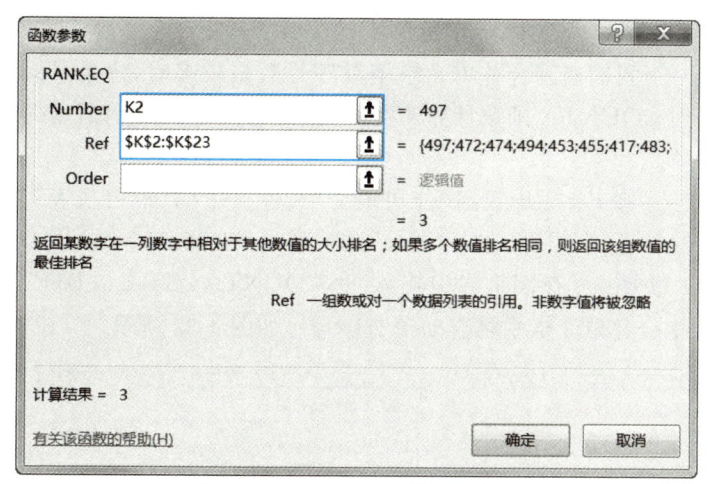

图 4-30 RANK.EQ 函数参数设置

序号	学号	姓名	平均分	思想道德修养与法律基础	体育	大学英语	计算机基础	市场营销	基础会计学	总分	名次
1	130410101	曾江	82.83	75	86	83	88	87	78	497	3
2	130410102	陈慧君	78.67	60	85	69	94	92	72	472	11
3	130410103	陈钦陈	79.00	83	81	88	58	82	82	474	8
4	130410104	邓晖	82.33	80	90	73	88	92	78	494	4
5	130410105	侯冰	75.50	33	90	80	90	80	80	453	14
6	130410106	李丽	75.83	75	85	78	63	73	81	455	13
7	130410107	李鹏民	69.50	82	60	67	68	63	77	417	22
8	130410108	李青红	80.50	60	85	84	83	88	83	483	6
9	130410109	李奕	71.50	50	88	70	70	80	71	429	20
10	130410110	李月辉	70.83	60	93	47	75	82	68	425	21
11	130410111	廖航	84.17	68	83	80	95	94	85	505	2
12	130410112	刘莉莉	76.00	65	80	77	85	79	70	456	12
13	130410113	刘毅	80.67	73	90	86	80	77	78	484	5
14	130410114	吕颂华	74.17	84	77	74	68	63	79	445	17
15	130410115	马蔚为	73.83	95	64	72	60	64	88	443	18
16	130410116	宋斌	80.33	68	91	80	88	75	80	482	7
17	130410117	王花花	75.17	80	88	70	71	61	81	451	16
18	130410118	唐雪实	88.33	80	90	83	91	96	90	530	1
19	130410119	天心龙	72.83	86	81	77	57	56	80	437	19
20	130410120	王凯伊	75.33	61	85	79	78	70	79	452	15
21	130410121	吴丽萍	79.00	83	81	88	58	82	82	474	8
22	130410122	杨林	79.00	69	80	74	83	82	86	474	8

图 4-31 完成名次计算

(3) COUNTA 函数的使用

COUNTA 函数应用

当我们遇到合并单元格填写序号数量较多时,逐条录入十分麻烦,可以使用 COUNTA 函数计算非空单元格数量来完成这一计算过程,实现序号自动填充。

步骤 1 打开 D 盘"公司销售"文件夹中的"销售报表"工作簿,选中"销售业绩表"工作表,选中"序号"这一列中 A3 到 A21 单元格区域。

步骤 2 在编辑栏中输入"=COUNTA($B$3:B3)",按 Ctrl+Enter 键,所有合并和未合并单元格中将自动填充序号。如图 4-32 所示。

图 4-32 COUNTA 函数的使用

> **知识小贴士**
>
> Ctrl+Enter 键:可使用当前条目填充选定的单元格区域。

步骤 3 按照合并单元格进行合计求和。利用合并单元格只有左上角第一个单元格有值,其余均为空单元格的特点,我们可以进行如下操作:选中 H3:H21 单元格区域,在编辑栏中输入公式"=SUM(G3:G$21)−SUM(H4:H$21)",按 Ctrl+Enter 键即可。结果如图 4-33 所示。

> **知识小贴士**
>
> 当最后一行的单元格是独立单元格时,为避免循环引用的错误,在用公式求和时用到 G22 和 H22 单元格等以外的区域;当最后一行的单元格为合并单元格时,可不必这样引用。

图 4-33 合并单元格的合计求和

(4) VLOOKUP 函数的使用

打开"公司销售"文件夹中的"商品信息"工作簿,选中"Sheet2"工作表,用 VLOOKUP 函数在"商品单价"工作表中查询商品的品名和单价。

步骤 1 选中 C2 单元格,在编辑栏中输入公式"＝VLOOKUP(B2,商品单价！＄A＄2:＄C＄8,2)",按 Enter 键,再选中 C2 单元格,用拖动填充柄的方式完成 C3:C11 单元格区域的商品名称填充,如图 4-34 所示。

VLOOKUP 函数应用

图 4-34 查询品名

步骤 2 选中 D2 单元格,在编辑栏中输入公式"＝VLOOKUP(B2,商品单价！＄A＄2：＄C＄8,3)",按 Enter 键,再选中 D2 单元格,用拖动填充柄的方式完成 D3：D11 单元格区域的商品单价填充。

也可以单击 fx 按钮,选择函数"VLOOKUP",在弹出的"函数参数"对话框中,在"Lookup_value"中录入"B2",在"Table_array"中录入"商品单价！＄A＄2：＄C＄8",在"Col_index_num"中录入 3,单击"确定"按钮,完成计算。如图 4-35 所示。

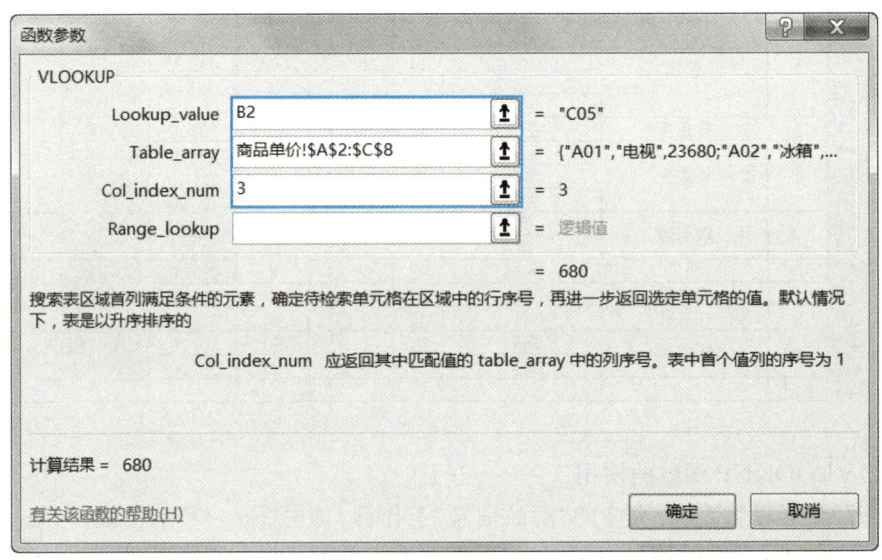

图 4-35　VLOOKUP 函数参数设置

步骤 3 选中 F2 单元格,输入公式"＝E2＊D2",按 Enter 键,用拖动填充柄的方式完成 F3：F11 单元格区域金额的计算。如图 4-36 所示。

	A	B	C	D	E	F
1	日期	编号	品名	单价	数量	金额
2	2002/5/5	C05	鼠标	680	12	8,160
3	2002/5/5	A01	电视	23680	6	142,080
4	2002/5/5	A03	计算机	28750	5	143,750
5	2002/5/5	B04	录音机	860	16	13,760
6	2002/5/6	A01	电视	23680	4	94,720
7	2002/5/6	A02	冰箱	36500	8	292,000
8	2002/5/7	A03	计算机	28750	10	287,500
9	2002/5/7	B01	电话	1250	20	25,000
10	2002/5/8	A01	电视	23680	3	71,040
11	2002/5/8	B04	录音机	860	5	4,300

图 4-36　直接输入 VLOOKUP 函数

巩固与提高练习

1. 打开素材文件夹中"奖金"工作簿，按下列要求进行操作：

（1）根据"奖金比例"工作表中的数据，在"应发奖金"工作表中查询并计算出不同业绩应发的奖金比例。

（2）根据奖金比例，计算"业绩奖金"。

（3）计算员工的工资总所得。

2. 打开素材文件夹中"采购预算表"工作簿，计算不同商品在不同数量下的折扣情况。

任务 4-4　Excel 数据的处理

实训目的

1. 熟练掌握自动筛选和高级筛选的方法。
2. 熟练掌握分类汇总操作。
3. 了解创建数据透视表的方法。

实训内容

1. 对工作表的内容用自动筛选的方法，筛选出总分大于或等于 500 分或小于 430 分的男生。

2. 对工作表的内容用高级筛选的方法，筛选出"男生思想道德修养与法律基础"成绩在 70 分以上（含 70 分）、大学英语成绩在 75 分以上（不含 75 分）的记录。

3. 将工作表中的数据进行分类汇总，按性别汇总学生的体育、大学英语、计算机基础、总分的平均分。

4. 在工作表中创建数据透视表。

实训要求

1. 在 D 盘"学习素材"文件夹的"学生成绩表"工作簿中完成如下操作：

（1）在"原始成绩"工作表中录入相关信息，找出总分大于或等于 500 分或小于 430 分的男生数据。

（2）在"原始成绩"工作表中录入相关信息，找出男生"思想道德修养与法律基础"成绩在 70 分以上（含 70 分）、大学英语成绩在 75 分以上（不含 75 分）的数据。

（3）在"原始成绩"工作表中录入相关信息，并分类汇总出学生的体育、大学英语、计算机基础、总分的平均分。

2. 打开 D 盘"学习素材"文件夹中的"数据透视表数据"工作簿，在"原始成绩"工作表中创建数据透视表。

实训操作步骤

1. 自动筛选

步骤 1 打开 D 盘"学习素材"文件夹中的"学生成绩表"工作簿，选中"原始成绩"工作表，在 J1 单元格中输入"总分"，利用公式，计算出每个学生的总分。

步骤 2 在"姓名"列后插入一列"性别"，按图 4-19 的信息，输入数据。

步骤 3 选择需要进行筛选的单元格区域列标题 D1:K1，单击"数据"|"排序和筛选"功能区中的"筛选"按钮，在 D1:K1 单元格区域右下角便出现自动筛选下拉按钮 ▼。

步骤 4 单击 K1 单元格下拉按钮，在弹出的下拉列表中选择"数字筛选"|"大于或等于"，然后在弹出的对话框中，"大于或等于"后的文本框中输入"500"，选中"或"，在第二行下拉菜单中选择"小于"，输入"430"，单击"确定"按钮，即筛选出总分大于或等于 500 分或小于 430 分的学生，如图 4-37 和图 4-38 所示。再在"性别"的筛选列表中勾选"男"，单击"确定"按钮完成自动筛选，如图 4-39 所示。

	A	B	C	D	E	F	G	H	I	J	K	L	M
1	序号	学号	姓名	性别	思想道德修养与法律基础	体育	大学英语	计算机基础	市场营销	基础会计学	总分		
2	1	130410101	曾江	男	80	86	83	88					
3	2	130410102	陈慧君	女	78	85	69	94					
4	3	130410103	陈钦琛	男	67	81	88	58					
5	4	130410104	邓晖	男	84	90	73	88					
6	5	130410105	侯冰	男	70	90	80	90					
7	6	130410106	李丽	女	47	85	78	63					
8	7	130410107	李鹏民	男	80	60	67	68					
9	8	130410108	李青红	女	77	85	84	83					
10	9	130410109	李奕	男	86	88	70	70					
11	10	130410110	李月辉	女	200	93	47	75					
12	11	130410111	廖航	男	72	83	80	95	94	85	509		
13	12	130410112	刘莉莉	女			80	77	85	79	70	471	
14	13	130410113	刘毅	男	70	90	86	80	77	78	481		

图 4-37 自动筛选

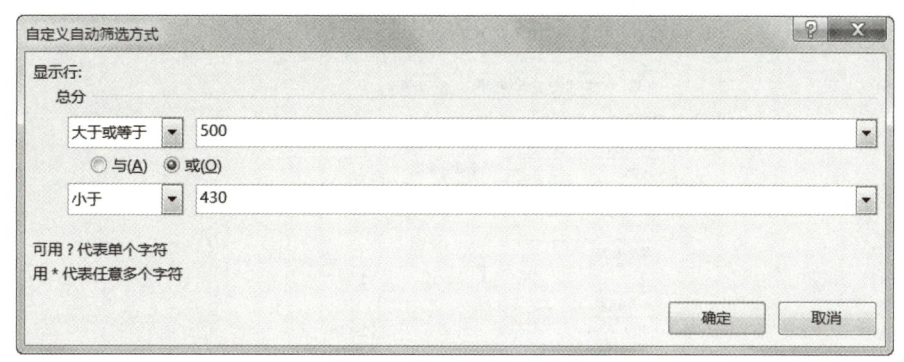

图 4-38　自动筛选方式设置

序号	学号	姓名	性别	思想道德修养与法律基础	体育	大学英语	计算机基础	市场营销	基础会计学	总分
1	130410101	曾江	男	80	86	83	88	87	78	502
4	130410104	邓晖	男	84	90	73	88	92	78	505
7	130410107	李鹏民	男	80	60	67	68	63	77	415
11	130410111	廖航	男	72	83	80	95	94	85	509
15	130410115	马蔚为	男	77	64	72	60	64	88	425
19	130410119	天心龙	男	75	81	77	57	56	80	426

图 4-39　完成自动筛选

知识小贴士

在我们输入数据时，有些数据是有范围限制的，比如百分制的考试成绩必须是 0～100 的某个数据，除此之外的数据就是无效数据，要从巨大的数据源中找到无效数据，用人工审核的方式是一件麻烦事，我们可以通过 Excel 2016 的数据验证功能，快速找出表格中的无效数据。例如：

①打开"学生成绩表"工作簿中的"原始成绩"工作表，选中需要审核的单元格区域 D2:I23，在"数据"|"数据工具"功能区中单击"数据验证"按钮，弹出"数据验证"对话框，在"设置"选项卡"允许"下拉列表中选择"小数"，在"数据"下拉列表中选择"介于"，最小值设为"0"，最大值设为"100"，如图 4-40 所示，单击"确定"按钮。

数据有效性

②设置好数据有效性规则后，在"数据"|"数据工具"功能区中单击"数据验证"按钮的下拉按钮，选择"圈释无效数据"，表格中所有无效数据被一个红色的椭圆形圈出来，错误数据一目了然。由于此例中并无无效数据，我们可以在设置数据验证前更改一个数据则可看到效果，如图 4-41 所示。

③如果设置了数据验证后我们再次输入数据，则会弹出错误提示，提示非法输入，如图 4-42 所示。

图 4-40 设置数据验证

	A	B	C	D	E	F	G	H	I
1	序号	学号	姓名	思想道德修养与法律基础	体育	大学英语	计算机基础	市场营销	基础会计学
2	1	130410101	曾江	75	86	83	88	87	78
3	2	130410102	陈慧君	60	85	69	94	92	72
4	3	130410103	陈钦陈	83	81	88	58	82	82
5	4	130410104	邓晖	73	90	73	88	92	78
6	5	130410105	侯冰	33	90	80	90	80	80
7	6	130410106	李丽	75	85	78	63	73	81
8	7	130410107	李鹏民	82	60	67	68	63	77
9	8	130410108	李青红	60	85	84	83	88	83
10	9	130410109	李奕	50	88	70	70	80	71
11	10	130410110	李月辉	200	93	47	75	82	68
12	11	130410111	廖航	68	83	80	95	94	85
13	12	130410112	刘莉莉	65	90	77	85	79	70
14	13	130410113	刘毅	73	90	86	80	77	78
15	14	130410114	吕颂华	84	77	74	68	63	79
16	15	130410115	马蔚为	95	64	72	60	64	88
17	16	130410116	宋斌	68	91	80	88	75	80
18	17	130410117	王花花	80	88	70	71	61	81
19	18	130410118	唐雪实	80	90	83	91	96	90
20	19	130410119	天心龙	86	81	77	57	56	80
21	20	130410120	王凯伊	61	85	79	78	70	79
22	21	130410121	吴丽萍	83	81	88	58	82	82
23	22	130410122	杨林	69	80	74	83	82	86
24	平均分								

图 4-41 设置数据验证后的效果

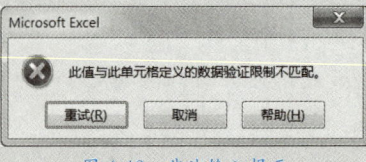

图 4-42 非法输入提示

2.高级筛选

步骤 1 打开 D 盘"学习素材"文件夹中的"学生成绩表"工作簿,选中"原始成绩"工作表。

步骤 2 参考图 4-37 插入"性别"列,参考前面的知识在 K 列计算总分,复制 D1、E1、G1 单元格到 D27、E27、F27 单元格,在 D28 单元格中录入"男",在 E28 单元格中录入">=70",在 F28 单元格中录入">75",完成条件区域的设置。如图 4-43 所示。

23	22	130410122	杨林	男	69	80	74	83	82	86	474
24	平均分										
25											
26											
27				性别	思想道德修养与法律基础	大学英语					
28				男	>=70	>75					
29											

图 4-43 条件区域

步骤 3 单击"数据"|"排序和筛选"功能区中的"高级"按钮,在弹出的对话框中选择"将筛选结果复制到其他位置",单击"列表区域"右侧的拾取按钮,选取 A1:K23 单元格区域,空白处自动填入"原始成绩!\$A\$1:\$K\$23";单击"条件区域"右侧的拾取按钮,选取 D27:F28 单元格区域,空白处自动填入"原始成绩!\$D\$27:\$F\$28";在"复制到"右侧输入"A31",如图 4-44 所示。然后单击"确定"按钮,筛选后的结果如图 4-45 所示。

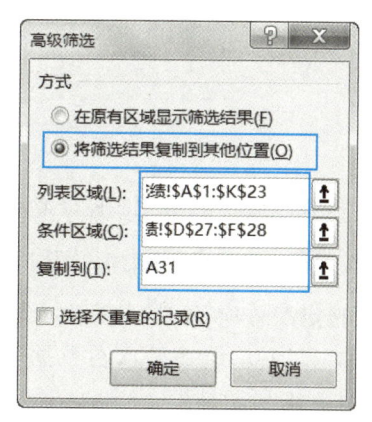

图 4-44 "高级筛选"对话框

				性别	思想道德修养与法律基础	大学英语				
26										
27										
28				男	>=70	>75				
29										
30										
31	序号	学号	姓名	性别	思想道德修养与法律基础	体育	大学英语	计算机基础	市场营销	基础会计学	总分
32	1	130410101	曾江	男	75	86	83	88	87	78	497
33	3	130410103	陈钦钦	男	83	81	88	58	82	82	474
34	13	130410113	刘毅	男	73	90	86	80	77	78	484
35	19	130410119	天心龙	男	86	81	77	57	56	80	437
36											

图 4-45 高级筛选结果

3.数据分类汇总

步骤1 打开 D 盘"学习素材"文件夹中的"学生成绩表"工作簿,选中"原始成绩"工作表,选中第 1 行,右击,在弹出的快捷菜单中单击"插入",即可在第 1 行前插入一行。在新插入的第 1 行输入标题"学生成绩表"并设置为跨列居中。字体为"仿宋",16 号。

步骤2 参考前面知识,插入"性别"列和"总分"列,并计算总分。选择 B2:K24 单元格区域,单击"数据"|"排序和筛选"功能区中的"排序"按钮,在弹出的对话框中选择主要关键字为"性别","排序依据"为"单元格值","次序"为"升序",如图 4-46 所示。

图 4-46 排序设置

步骤3 选择 B2:K24 单元格区域,单击"数据"|"分级显示"功能区中的"分类汇总"按钮,弹出"分类汇总"对话框,"分类字段"选择"性别","汇总方式"选择"平均值","选定汇总项"复选"体育""大学英语""计算机基础""总分"四项,并选中"替换当前分类汇总"和"汇总结果显示在数据下方"复选框,如图 4-47 所示。单击"确定"按钮,出现如图 4-48 所示结果。

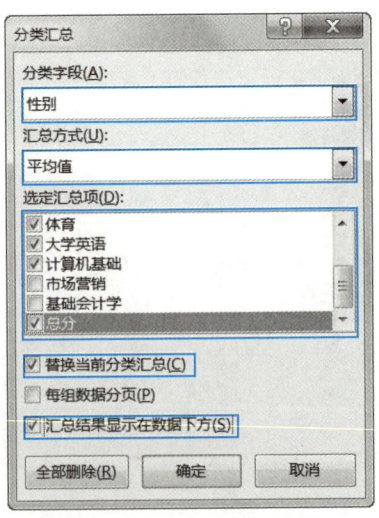

图 4-47 "分类汇总"对话框

	A	B	C	D	E	F	G	H	I	J	K
1						学生成绩表					
2	序号	学号	姓名	性别	思想道德修养与法律基础	体育	大学英语	计算机基础	市场营销	基础会计学	总分
3	1	130410101	曾江	男	75	86	83	88	87	78	497
4	2	130410103	陈钦陈	男	83	81	88	58	82	82	474
5	3	130410104	邓晖	男	73	90	73	88	92	78	494
6	4	130410105	侯冰	男	33	90	80	90	80	80	453
7	5	130410107	李鹏民	男	82	60	67	68	63	77	417
8	6	130410109	李奕	男	50	88	70	70	80	71	429
9	7	130410111	廖航	男	68	83	80	95	94	85	505
10	8	130410113	刘毅	男	73	90	86	80	77	78	484
11	9	130410115	马蔚为	男	95	64	72	60	64	88	443
12	10	130410119	天心龙	男	86	81	77	57	56	80	437
13	11	130410122	杨林	男	69	80	74	83	82	86	474
14				男 平均值		81.1818182	77.2727273	76.0909091			464.273
15	12	130410102	陈慧君	女	60	85	69	94	92	72	472
16	13	130410106	李丽	女	75	85	78	63	73	81	455
17	14	130410108	李青红	女	60	85	84	83	88	83	483
18	15	130410110	李月辉	女	60	93	47	75	82	68	425
19	16	130410112	刘莉莉	女	65	80	77	85	79	70	456
20	17	130410114	吕颂华	女	84	77	74	68	63	79	445
21	18	130410116	宋斌	女	68	91	80	88	75	80	482
22	19	130410117	王花花	女	80	88	70	71	61	81	451
23	20	130410118	唐雪实	女	80	90	83	91	96	90	530
24	21	130410120	王凯伊	女	61	85	79	78	70	79	452
25	22	130410121	吴丽萍	女	83	81	88	58	82	82	474
26				女 平均值		85.4545455	75.3636364	77.6363636			465.909
27				总计平均值		83.3181818	76.3181818	76.8636364			465.091
28	平均分										

图 4-48　分类汇总结果

4.数据透视表

步骤 1　在 D 盘"学习素材"文件夹中打开"数据透视表数据"工作簿,选中"原始成绩"工作表。选择 A2:E22 单元格区域,在"插入"|"表格"功能区单击"数据透视表"按钮,弹出"创建数据透视表"对话框,"表/区域"文本框选择默认的内容,"选择放置数据透视表的位置"中选择"现有工作表",在"位置"文本框中输入"G1",如图 4-49 所示。单击"确定"按钮,结果如图 4-50 所示。

数据透视

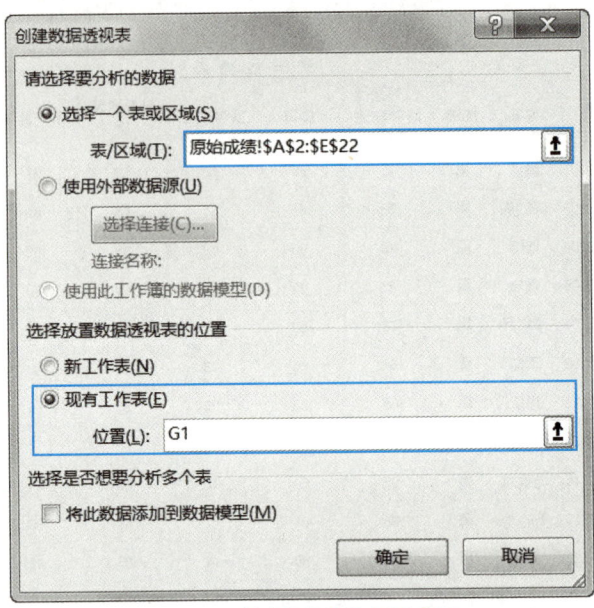

图 4-49 "创建数据透视表"对话框

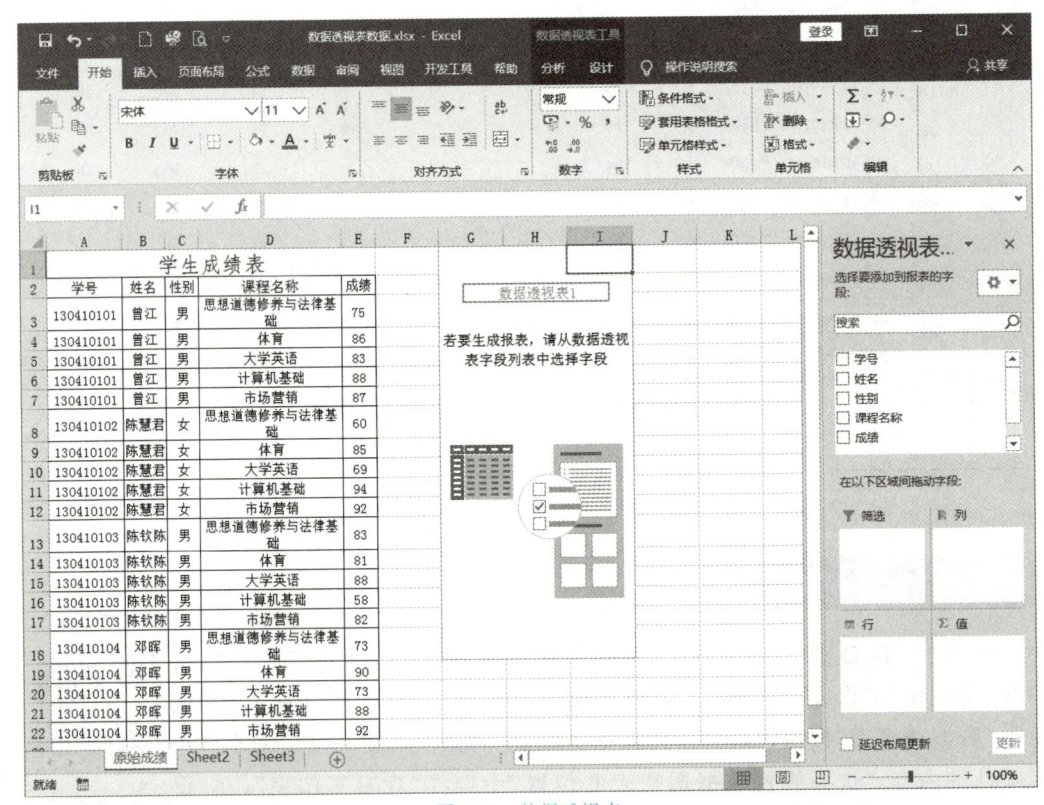

图 4-50 数据透视表

步骤 2 在右边数据透视字段列表中,将"姓名"字段拖至"筛选"处,将"课程名称"字段拖至"行"处,将"成绩"字段拖至"值"处,结果如图 4-51 所示。

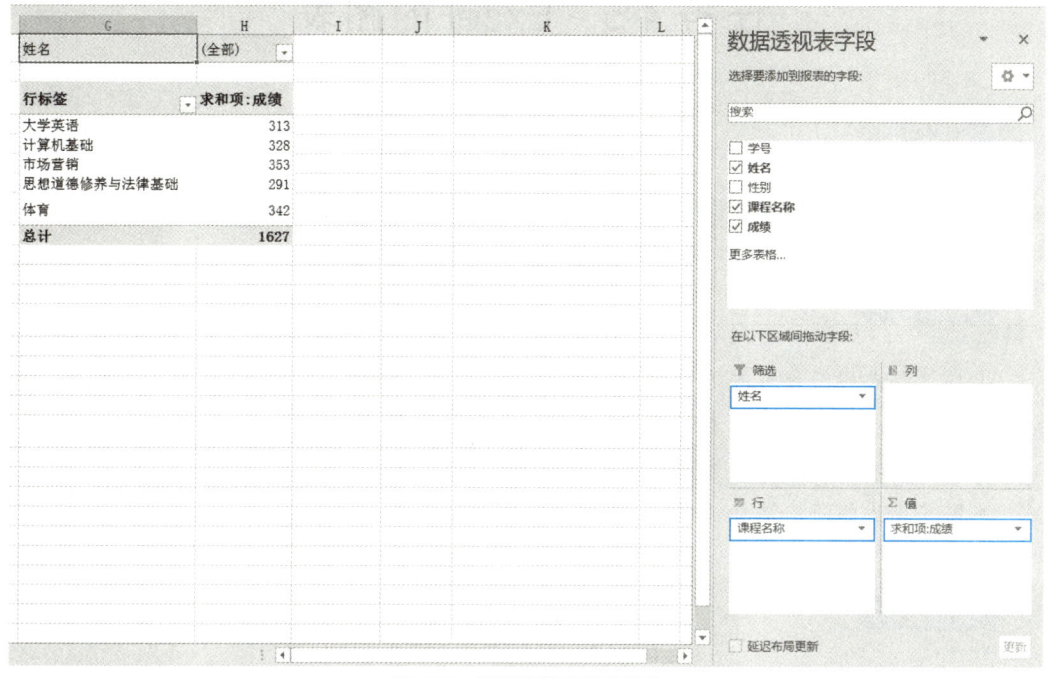

图 4-51 设置数据透视表参数

步骤 3 可以根据实际需要,单击"列标签"和"行标签"右下角的下拉按钮,在下拉列表中进行选择,得到需要的结果。

巩固与提高练习

1．打开素材文件夹中"分类汇总"工作簿,选择"Sheet1"工作表,将 A1:I16 单元格区域内容复制到"Sheet2"工作表中 A1 单元格开始的区域中,并根据"职称"字段统计不同职称的基本工资的总额。

2．打开素材文件夹中"分类汇总"工作簿,选择"Sheet1"工作表,将 A1:I16 单元格区域内容复制到"Sheet3"工作表中 A1 单元格开始的区域中,并根据"性别"字段统计不同性别的基本工资、奖金的平均数。

3．打开素材文件夹中"分类汇总"工作簿,选择"Sheet1"工作表,将 A1:I16 单元格区域内容复制到"Sheet4"工作表中 A1 单元格开始的区域中,并根据"性别"字段统计不同性别的人数。

任务 4-5　Excel 的图表

实训目的

掌握创建和编辑图表的方法，对图表进行格式化设置。

实训内容

1. 根据要求将工作表的内容创建为图表。
2. 对工作表中嵌入的图表进行移动、改变图表类型等。
3. 对工作表中嵌入的图表进行格式化设置。
4. 取某学生的所有课程成绩，创建图表并进行格式化设置。

实训要求

在 D 盘"学习素材"文件夹"学生成绩表"工作簿中的"原始成绩"工作表中完成以下操作：

1. 创建"三维簇状条形图"，以成绩为 X 轴，姓名为 Y 轴，课程名称为图例。
2. 移动和改变已建立图表的位置和大小，并改为"簇状柱形图"。
3. 将"簇状柱形图"样式修改为"样式 8"，"图例"在"右侧"，标题为"学生成绩表"。
4. 取"李奕"的所有课程成绩，创建"三维饼图"；图表标题为"李奕成绩对照"，仿宋，20 磅，加粗；"图例"位于"左侧"，"数据标签"包括"类别名称"和"百分比"，"标签位置"为"最佳匹配"。

实训操作步骤

打开 D 盘"学习素材"文件夹中的"学生成绩表"工作簿，选中"原始成绩"工作表。

1. 创建图表

选择 C1:I23 单元格区域，在"插入"|"图表"功能区中单击"插入柱形图或条形图"，在弹出的下拉菜单中选择"三维簇状条形图"，创建完成图表如图 4-52 所示。

项目4　Excel 2016软件应用

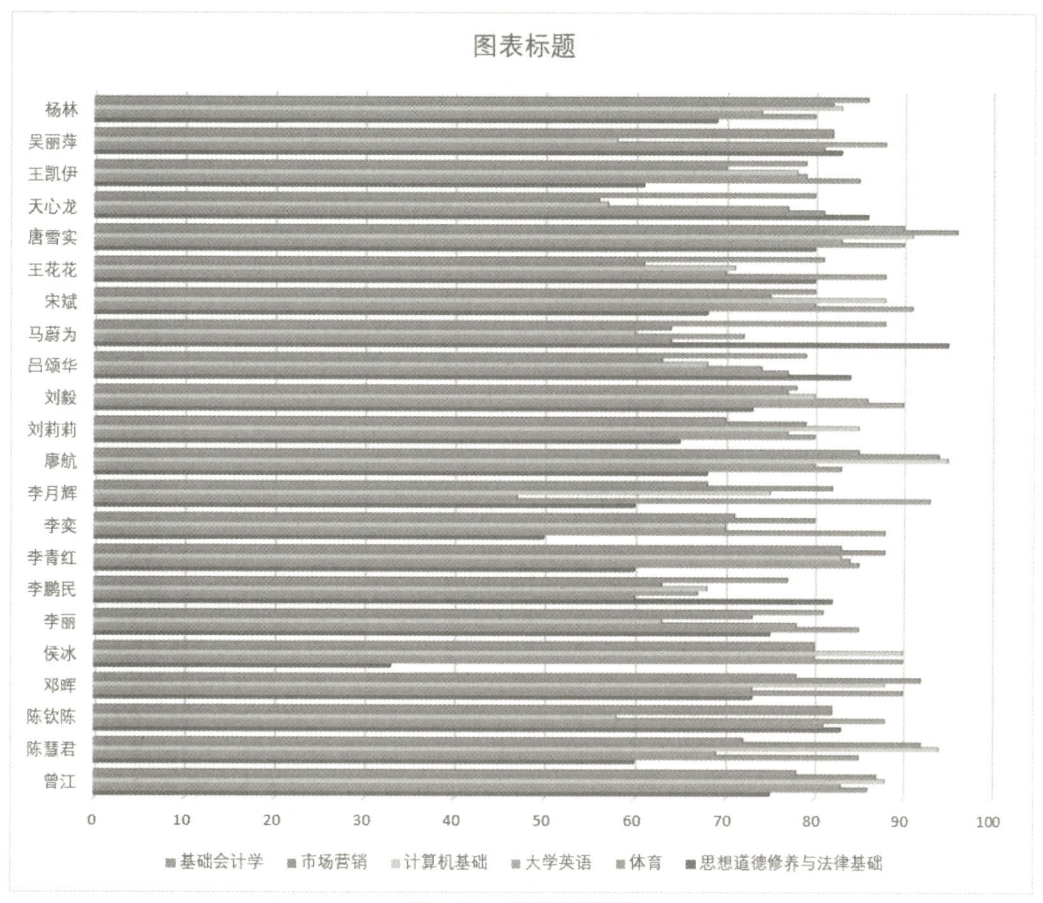

图 4-52　三维簇状条形图

知识小贴士

如果你希望在一个单元格里显示图表，Excel 2016 的"迷你图"可以帮你实现。

步骤 1　打开"学生成绩表"工作簿，选中"原始成绩"工作表。计算出各科成绩的平均分后，选中 D2:I2 单元格区域，在"插入"|"迷你图"功能区中选择"柱形"（目前只有三种：折线、柱形、盈亏），如图 4-53 所示。

迷你型图表

图 4-53　"迷你图"功能区

步骤 2　弹出"创建迷你图"对话框，用"位置范围"旁的拾取按钮选择 J2 单元格，将自动填写"$J$2"，单击"确定"按钮，如图 4-54 所示。

131

图 4-54 "创建迷你图"对话框

步骤 3 单击 J2 单元格,将鼠标移至单元格右下角填充柄处,移动填充柄完成 J3:J24 单元格区域迷你图的制作,如图 4-55 所示。

	A	B	C	D	E	F	G	H	I	J
1	序号	学号	姓名	思想道德修养与法律基础	体育	大学英语	计算机基础	市场营销	基础会计学	
2	1	130410101	曾江	75	86	83	88	87	78	
3	2	130410102	陈慧君	60	85	69	94	92	72	
4	3	130410103	陈钦陈	83	81	88	58	82	82	
5	4	130410104	邓晖	73	90	73	88	92	78	
6	5	130410105	侯冰	33	90	80	90	80	80	
7	6	130410106	李丽	75	85	78	63	73	81	
8	7	130410107	李鹏民	82	60	67	68	63	77	
9	8	130410108	李青红	60	85	84	83	88	83	
10	9	130410109	李奕	50	80	70	70	80	71	
11	10	130410110	李月辉	60	93	47	75	82	68	
12	11	130410111	廖航	68	83	80	95	94	85	
13	12	130410112	刘莉莉	65	80	77	85	79	70	
14	13	130410113	刘毅	73	80	86	80	77	78	
15	14	130410114	吕颂华	84	77	74	68	63	79	
16	15	130410115	马蔚为	95	64	72	60	64	88	
17	16	130410116	宋斌	68	91	80	88	75	80	
18	17	130410117	王花花	80	88	70	71	61	81	
19	18	130410118	唐雪实	80	90	83	91	96	90	
20	19	130410119	天心龙	86	81	77	57	56	80	
21	20	130410120	王凯伊	61	85	79	78	70	79	
22	21	130410121	吴丽萍	83	81	88	58	82	82	
23	22	130410122	杨林	69	80	74	83	82	86	
24	平均分			71.05	83.32	76.32	76.86	78.09	79.45	

图 4-55 迷你图效果

2.图表的编辑

步骤 1 选中并拖动图表，使图表的左上角位于 A26 单元格，拖动图表的右下角，使其处于 J40 单元格。

步骤 2 选中图表区域任意位置，在"图表工具"|"设计"|"类型"功能区单击"更改图表类型"按钮，出现"更改图表类型"对话框，选择"柱形图"中的"簇状柱形图"，单击"确定"按钮，改变图表类型，结果如图 4-56 所示。

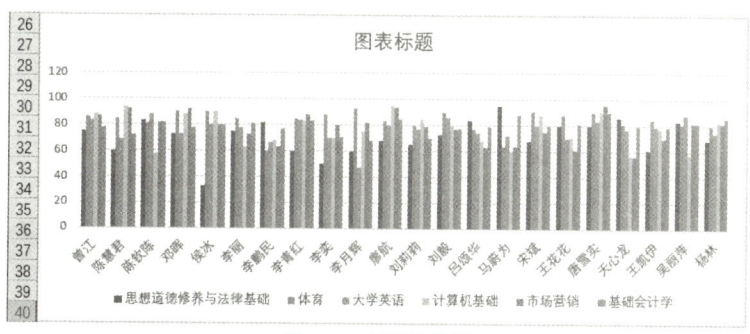

图 4-56　簇状柱形图

3.图表的格式化

步骤 1 选中图表区域任意位置，单击"图表工具"|"设计"|"图表样式"功能区的下拉菜单，在弹出的样式列表中，选择"样式 8"，如图 4-57 所示。

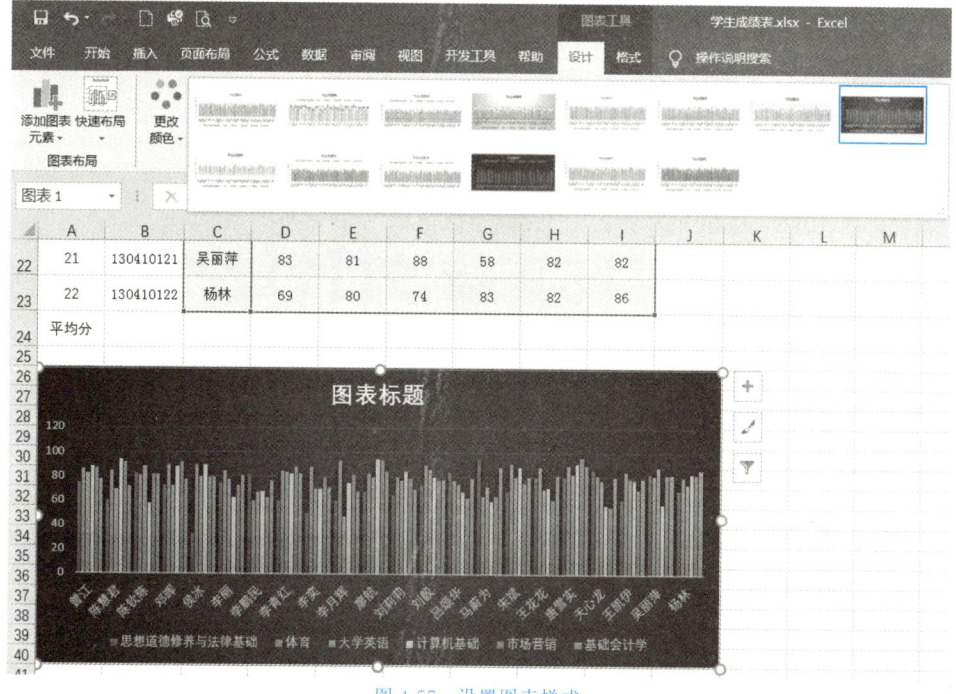

图 4-57　设置图表样式

步骤2 选中图表区域任意位置,在"图表工具"|"设计"|"图表布局"功能区中单击"添加图表元素"按钮,在弹出下拉菜单中选择"图例"|"右侧",如图4-58所示。并修改图表标题为"学生成绩表"。

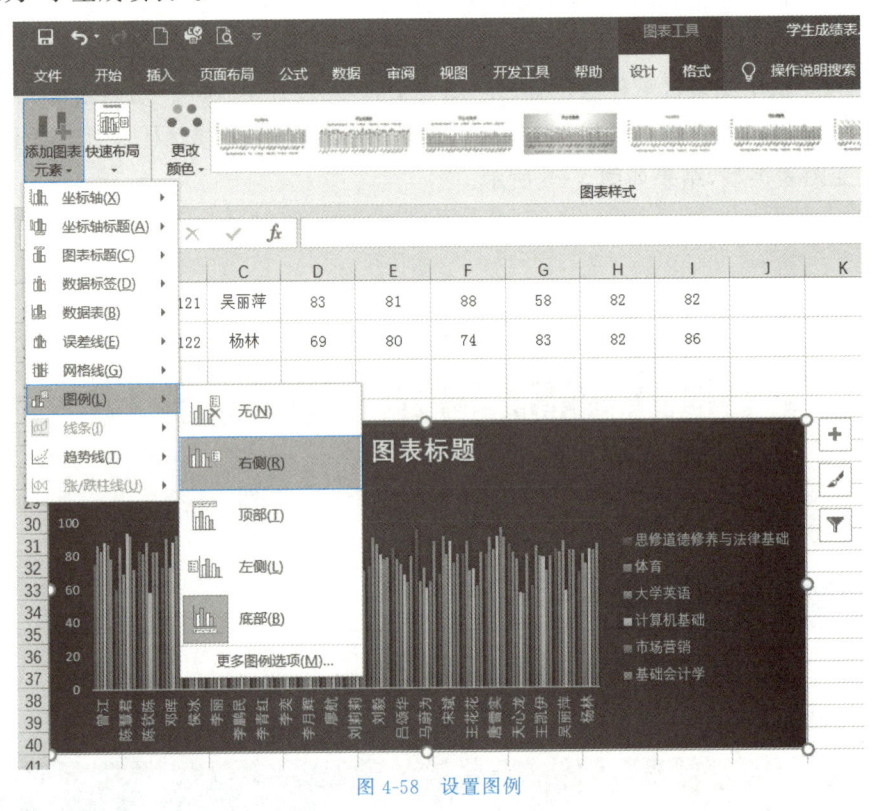

图4-58 设置图例

4.取"李奕"的成绩建立图表

步骤1 按住Ctrl键选择C1、C10、D1:I1、D10:I10,单击"插入"|"图表"功能区"插入饼图或环图"下拉按钮,在下拉列表中选择"三维饼图",结果如图4-59所示。

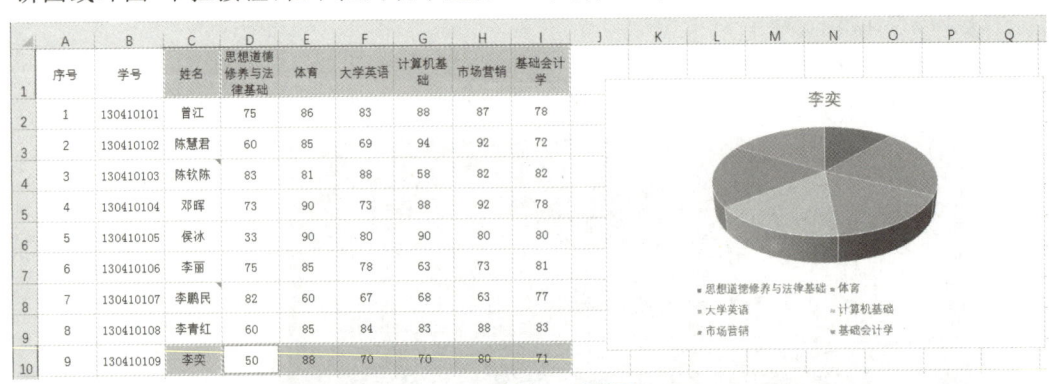

图4-59 创建"三维饼图"

步骤2 选中图表中的"李奕",出现编辑框,将图表标题改为"李奕成绩对照",选中全部标题文字,在弹出的字体快捷面板中设置字体为仿宋,20磅,加粗,如图4-60所示。

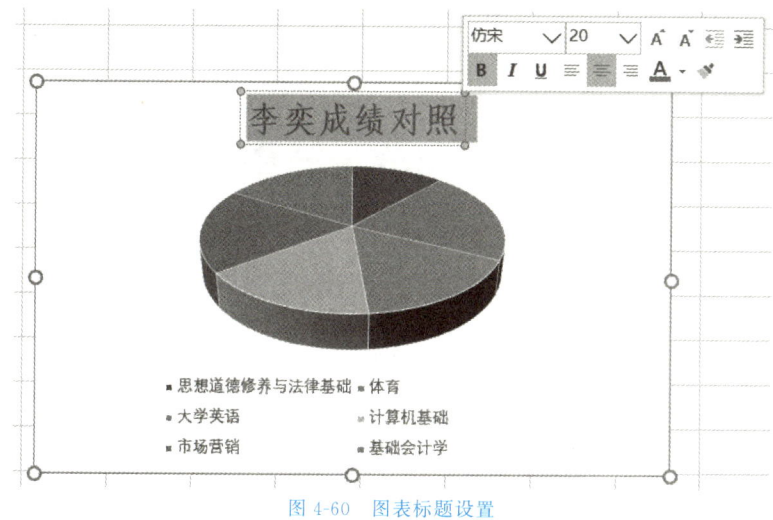

图4-60　图表标题设置

步骤3　选中图表区域任意位置,单击"图表工具"|"设计"|"图表布局"功能区中单击"添加图表元素"按钮,选择"数据标签"|"其他数据标签选项",打开"设置数据标签格式"窗格,在"标签选项"区域勾选"类别名称"和"百分比","标签位置"选择"最佳匹配",如图4-61所示。参考前面的操作,设置图例为"左侧",并适当调整图表大小,最终效果如图4-62所示。

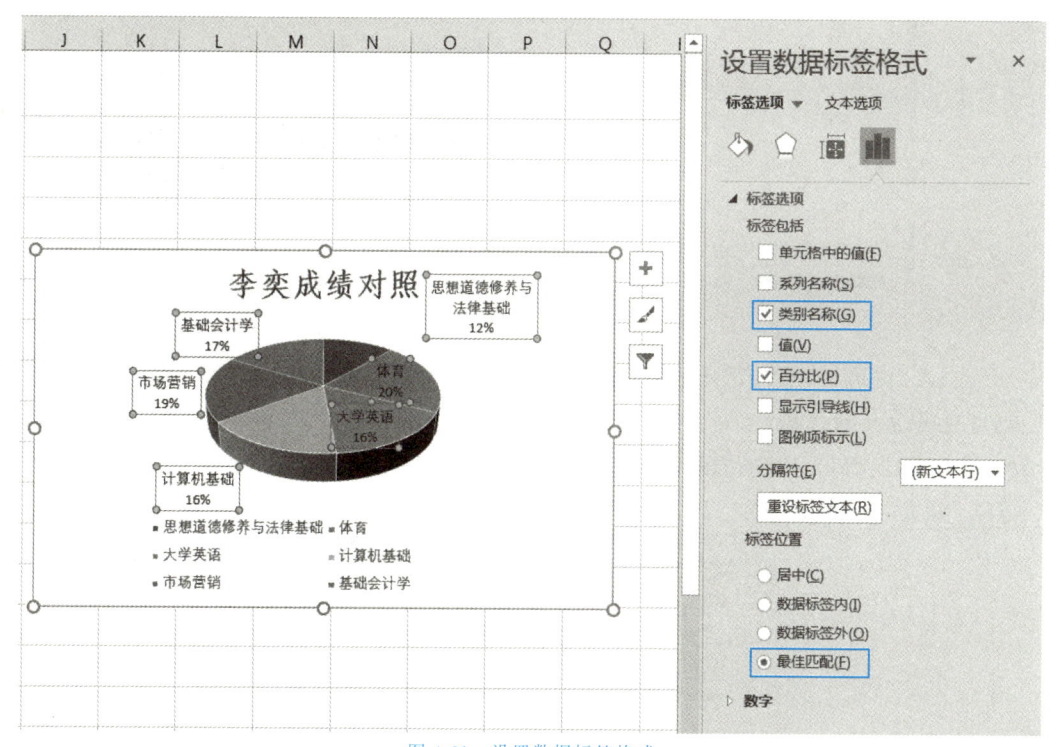

图4-61　设置数据标签格式

计算机文化基础　实训指导

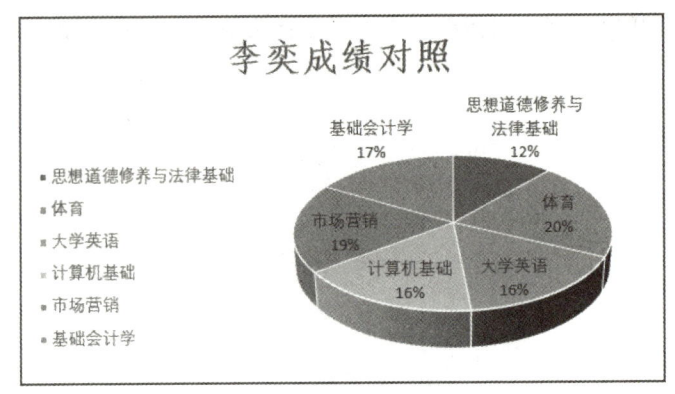

图 4-62　图表最终效果

知识小贴士

在上述图表中如果我们需要制作指定学生的成绩对照图，可以通过变更图表范围改变显示的数据。

(1) 选中图表区域任意位置，单击"图表工具"|"设计"|"数据"功能区"选择数据"按钮，弹出"选择数据源"对话框，如图 4-63 所示。

图 4-63　"选择数据源"对话框

(2) 在"图例项（系列）"处选中"李奕"，单击"编辑"按钮，弹出"编辑数据系列"对话框，通过拾取按钮选择"系列名称"为"=原始成绩！$C$12"，"系列值"为"=原始成绩！$D$12:$I$12"，如图 4-64 所示，单击"确定"按钮完成设置，再将图表标题中的"李奕"修改为"廖航"即可。

图 4-64　编辑数据系列

巩固与提高练习

打开素材文件夹中的"图表"工作簿,选择"Sheet1"工作表,完成以下操作:

1. 求出表中"平均值"一列的数据,保留两位小数。
2. 根据表中"氨基酸"和"平均值"两列数据创建一个"饼图"。
3. 图表标题为"人体每天氨基酸需要量统计图"。
4. 图例位于图表"左侧"。
5. 将图表作为对象插入"Sheet2"工作表。
6. 调整图表中"氨基酸"为紫色,"赖氨酸"为橙色,背景为浅绿色,里面文字全部设置为加粗。

项目 5

PowerPoint 2016 软件应用

PowerPoint 2016 是 Microsoft 公司开发的 Office 2016 办公组件之一，主要用于制作演示文稿。PowerPoint 2016 利用面向结果的全新用户界面，让用户可以轻松找到并使用功能强大的各种命令按钮，快速实现在演示文稿中插入文字、图表、图形、音乐、视频等对象。本项目以 PowerPoint 2016 为例，介绍它在日常生活中的应用。

任务 5-1　幻灯片母版制作

实训目的

1. 掌握幻灯片母版的建立方法。
2. 掌握幻灯片母版背景、字体、项目符号、页眉和页脚的设置方法。
3. 掌握幻灯片母版动作按钮的制作方法。
4. 掌握幻灯片模板的保存方法。

实训内容

1. 建立幻灯片母版。
2. 设置母版背景、字体、项目符号、页眉和页脚。
3. 制作幻灯片的动作按钮。
4. 保存制作好的幻灯片模板。

实训要求

1.新建幻灯片母版并进行编辑,要求将楼盘图片设置为背景。母版标题为黑体、40号、蓝色、加粗;文本样式为五级标题,华文中宋,默认大小,加粗、黑色。为各级标题设置项目符号。

2.添加页眉和页脚,包括日期和时间、页脚文字。

3.在幻灯片中制作圆形按钮,形状效果为"预设6",文字为黑体,12号,加粗,分别制作"开始""前进""后退""结束"四个按钮并设置相应的动作。

4.将以上制作好的幻灯片保存为模板。

实训操作步骤

1.新建幻灯片母版,并进行编辑

步骤1 启动 PowerPoint 2016,单击"视图"|"母版视图"功能区下的"幻灯片母版",打开幻灯片母版视图界面,进入幻灯片母版编辑状态,如图5-1所示。

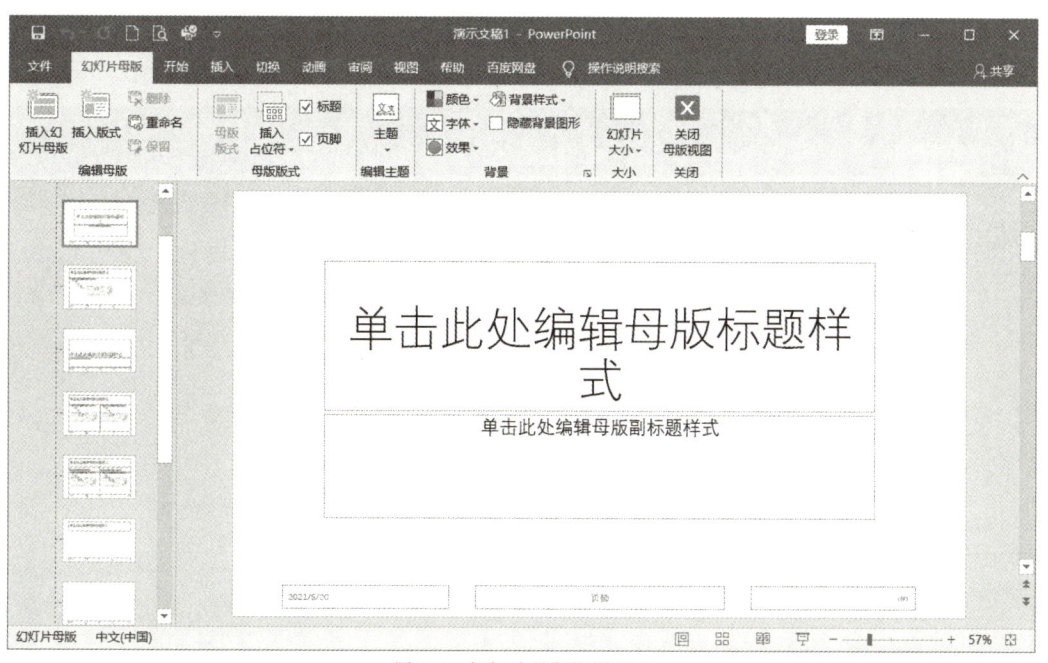

图5-1 幻灯片母版视图界面

步骤2 设置母版背景。选中幻灯片母版中的第1张幻灯片,单击"幻灯片母版"|"背景"功能区下的"背景样式"下拉菜单,选择"设置背景格式",如图5-2所示。在演示文稿右侧的"设置背景格式"窗格中,选择"填充"选项卡中的"图片或纹理填充",再单击"图

片源"下方的"插入"按钮,打开"插入图片"对话框,如图5-3所示。在对话框中单击"从文件"右侧的"浏览"按钮,打开"插入图片"对话框。找到素材文件夹,选择"楼盘背景图片",如图5-4所示,单击"插入"按钮,完成母版背景的设置。关闭"设置背景格式"窗格。

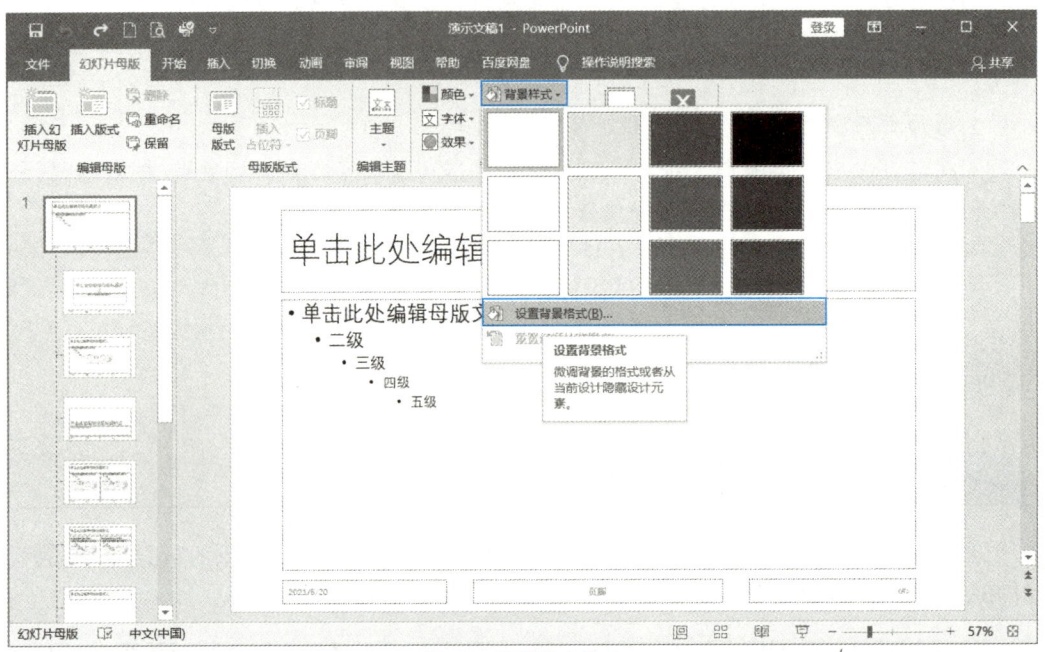

图5-2 背景样式界面

图5-3 设置背景格式

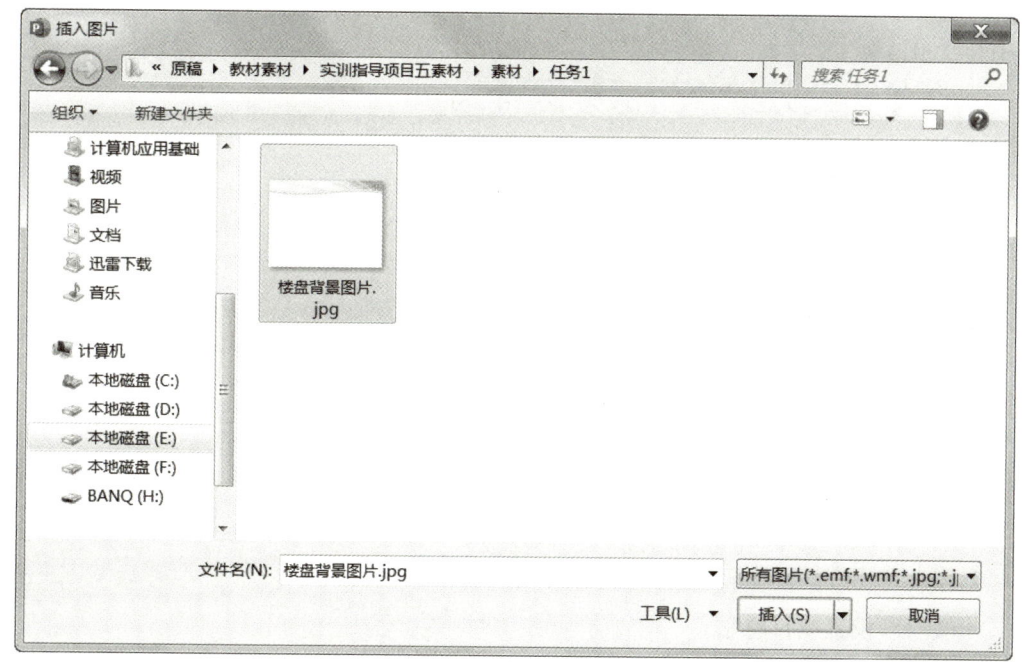

图 5-4 插入楼盘背景图片

步骤 3 设置母版标题字体。选中母版标题框,在"开始"|"字体"功能区设置字体为黑体,40 号,加粗,颜色为蓝色,如图 5-5 所示。同理,设置一级、二级、三级、四级、五级标题字体为华文中宋,字号为默认大小,加粗、黑色,如图 5-6 所示。

图 5-5 设置母版标题

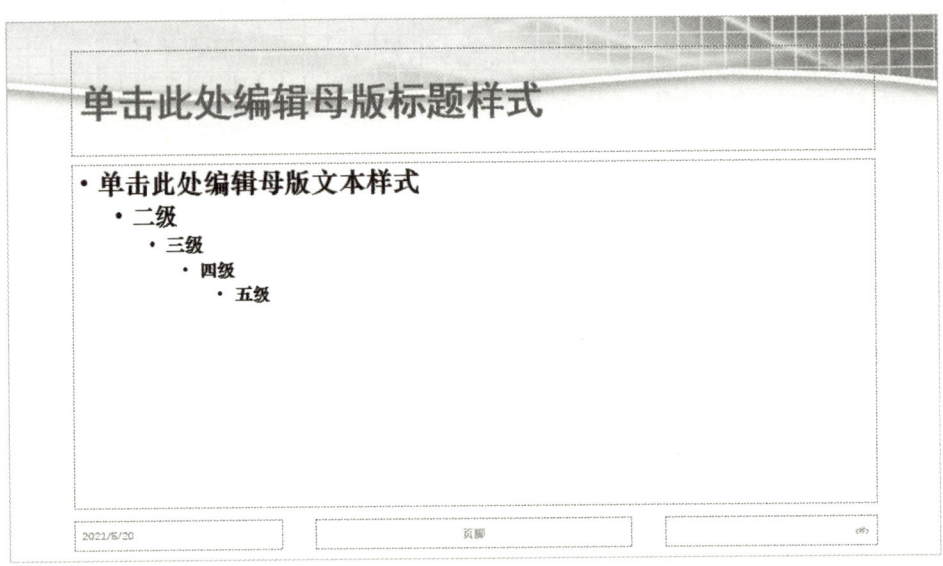

图 5-6　设置各级标题字体

步骤 4　设置项目符号。

①设置一级标题项目符号。先将鼠标光标定位到需设置项目符号的第一级文本处,选择"开始"|"段落"功能区"项目符号"下拉菜单,如图 5-7 所示。

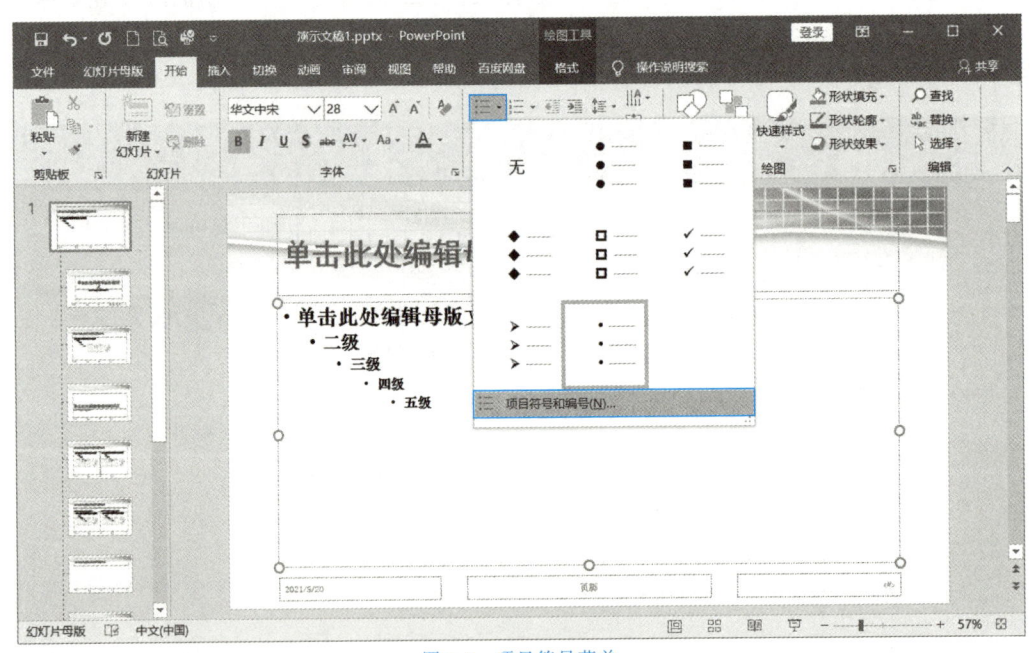

图 5-7　项目符号菜单

②选择"项目符号和编号"选项,在弹出的"图片项目符号"对话框中选择◆图标,单击"确定"按钮,如图 5-8 所示。

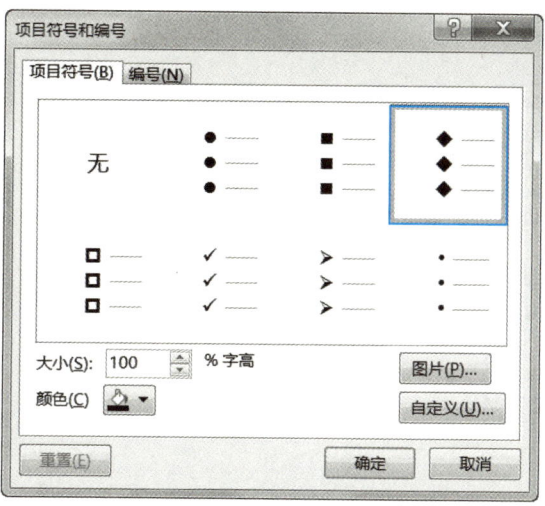

图 5-8 设置图片项目符号

③同理设置二级、三级、四级、五级的项目符号,完成后,返回幻灯片母版视图状态,即可看到所设置的所有级别的项目符号,如图 5-9 所示。

图 5-9 设置所有级别项目符号

步骤 5 设置页眉和页脚。单击"插入"|"文本"功能区"页眉和页脚"按钮,弹出"页眉和页脚"对话框,选中"日期和时间"复选框、"自动更新"单选按钮、"页脚"复选框,然后在"页脚"下方的文本框中输入"楼盘营销策划方案",单击"全部应用"按钮,如图 5-10、图 5-11 所示。

图 5-10　设置页眉和页脚

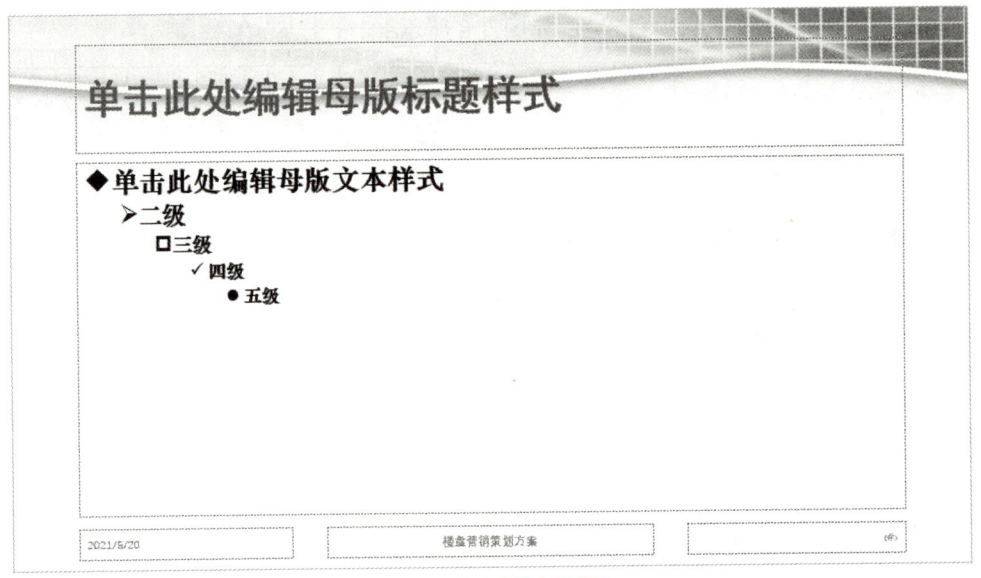

图 5-11　设置页眉和页脚后

2.制作动作按钮

步骤 1　选择"插入"|"插图"功能区"形状"按钮下拉菜单下的"椭圆",按住 Shift 键的同时按下鼠标左键拖动鼠标,画一个圆形。

步骤 2　在"绘图工具"|"格式"|"形状样式"功能区中,选择"形状效果"中的"预设",在其下级菜单中选择"预设 6"效果,如图 5-12 所示。选中图形,右击,选择"编辑文字",输入"开始",设置字体为黑体,12 号,加粗。

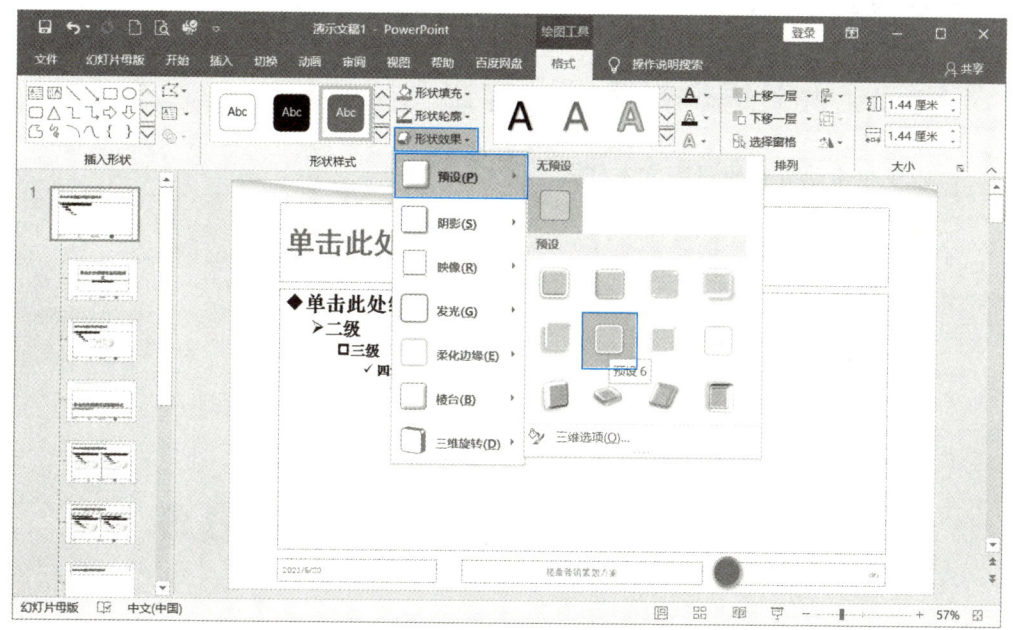

图 5-12 "预设 6"效果

步骤 3 选中图形,在"插入"|"链接"功能区单击"动作"按钮,在弹出的"操作设置"对话框中选择"单击鼠标"选项卡,在"超链接到"下拉列表中选择"第一张幻灯片",如图 5-13 所示。

图 5-13 "开始"动作按钮设置

步骤 4 将"开始"按钮复制出来三份,分别修改为"前进""后退""结束"按钮,并分别超链接到"下一张幻灯片""前一张幻灯片""最后一张幻灯片"。拖动图形到合适位置,效果如图 5-14 所示。

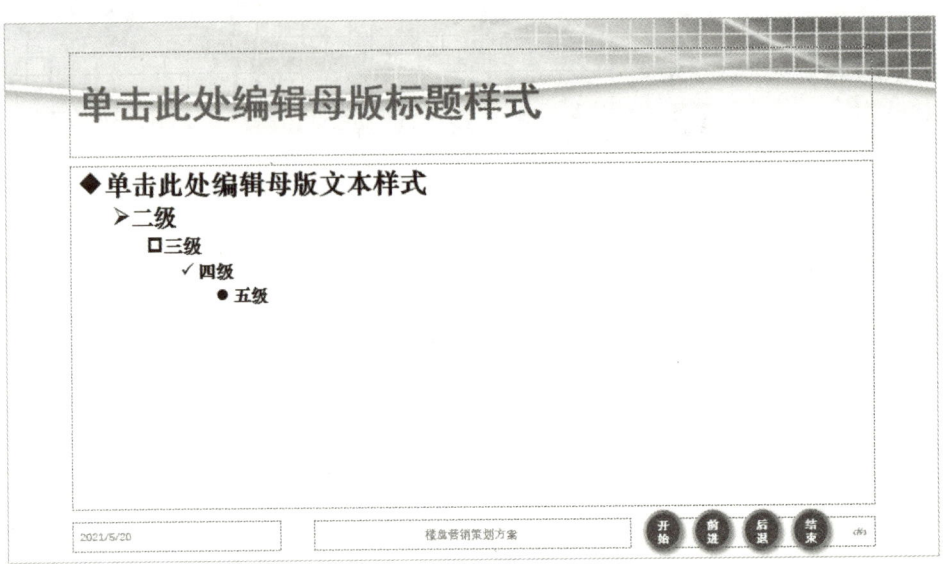

图 5-14　制作所有动作按钮

3. 保存幻灯片模板

选择"文件"|"另存为",双击"这台电脑",弹出"另存为"对话框,选择"保存类型"为"PowerPoint 模板(*.potx)",文件名为"楼盘营销策划方案",单击"保存"按钮,幻灯片模板保存完毕,如图 5-15 所示。

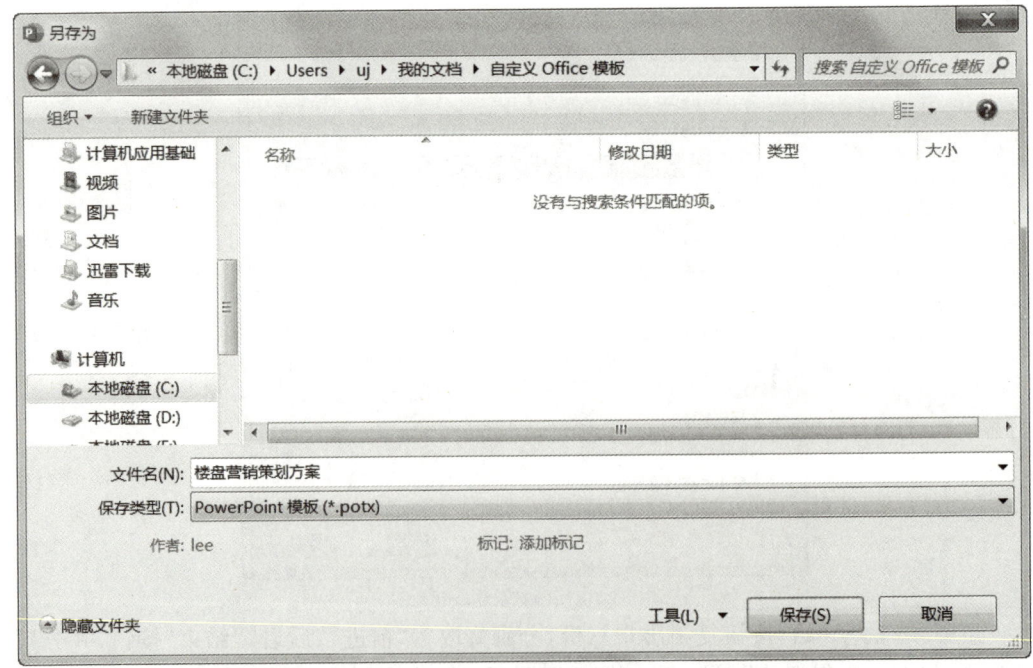

图 5-15　保存幻灯片模板

巩固与提高练习

1. 打开素材文件"任务1\PPT01.ppt",按下列要求进行操作并保存。

在演示文稿的开始处插入一张"标题幻灯片",作为文稿的第一张幻灯片,主标题输入"服装色彩构思",字体设置为"华文隶书",字号为"60磅"。将第一张幻灯片的背景渐变填充,预设颜色为"麦浪滚滚"。

2. 打开素材文件"任务1\PPT02.ppt",并按下列要求进行操作并保存。

使用"龙腾四海"模板修饰全文。

任务5-2　演示文稿基本操作

实训目的

1. 掌握从模板创建幻灯片文件的方法。
2. 掌握幻灯片中文字设置及SmartArt图表、绘图工具的应用。
3. 掌握在幻灯片中嵌入和设置图片的方法。
4. 掌握幻灯片中表格的应用。

实训内容

利用已有模板建立幻灯片,并制作项目简介、市场分析、竞争者分析、SWOT分析、目标市场分析及定位、项目营销推广策略、项目产品创新、营销推广项目周期规划、项目营销推广幻灯片。

实训要求

1. 利用任务5-1制作的幻灯片模板"楼盘营销策划方案"建立幻灯片。
2. 在幻灯片模板中制作首页幻灯片,主标题为"楼盘营销策划方案",副标题为"——工信·风雅乐府",红色,40磅,右对齐。
3. 制作项目简介幻灯片,并插入项目地址图片。
4. 制作市场分析幻灯片,并插入SmartArt图形。
5. 制作竞争者分析幻灯片,并插入SmartArt图形和图片。
6. 制作SWOT分析幻灯片。

7. 制作目标市场分析及定位幻灯片。

8. 制作项目营销推广策略幻灯片。

9. 制作项目产品创新幻灯片。

10. 制作营销推广项目周期规划幻灯片。

11. 制作项目营销推广幻灯片。

12. 保存幻灯片。

实训操作步骤

1. 新建幻灯片文件

新建一个演示文稿并命名为"楼盘营销策划方案",单击"设计"选项卡"主题"功能区右下角其他按钮,在弹出的列表中单击"浏览主题",如图5-16所示。弹出"选择主题或主题文档"对话框,在对话框中找到任务5-1制作的模板"楼盘营销策划方案.potx",如图5-17所示,单击"确定"按钮即可使用模板来建立幻灯片。

图 5-16 浏览主题

2. 制作首页幻灯片

步骤1 应用模板后,在视图第一页幻灯片的第一个页面输入主标题"楼盘营销策划方案"。

步骤2 输入副标题"——工信·风雅乐府",在"开始"|"字体"功能区设置字体颜色

为红色，40 磅，在"段落"功能区单击"右对齐"按钮，如图 5-18 所示。

图 5-17 "选择主题或主题文档"对话框

图 5-18 首页幻灯片

3. 制作项目简介幻灯片

步骤 1 在"开始"|"幻灯片"功能区单击"新建幻灯片"按钮即可插入新的幻灯片，在标题处输入"项目简介"，居中。内容处输入"工信·风雅乐府将'水上水、园中园、院上院、楼中楼'的设计理念与空中排屋特色有机结合，创造城北自然与文化社区。"

步骤 2 在"插入"|"图像"功能区单击"图片"按钮，在弹出的"插入图片"对话框中选

择"项目总览"图片,单击"插入"按钮,适当调整图片位置和大小,完成后如图 5-19 所示。

图 5-19 制作项目简介幻灯片

4.制作市场分析幻灯片

步骤 1 同上一步操作插入一张新幻灯片,在标题处输入"市场分析",居中。

步骤 2 在"插入"|"插图"功能区单击"SmartArt"按钮,在弹出的"选择 SmartArt 图形"对话框中选择"垂直曲形列表",如图 5-20 所示,单击"确定"按钮。

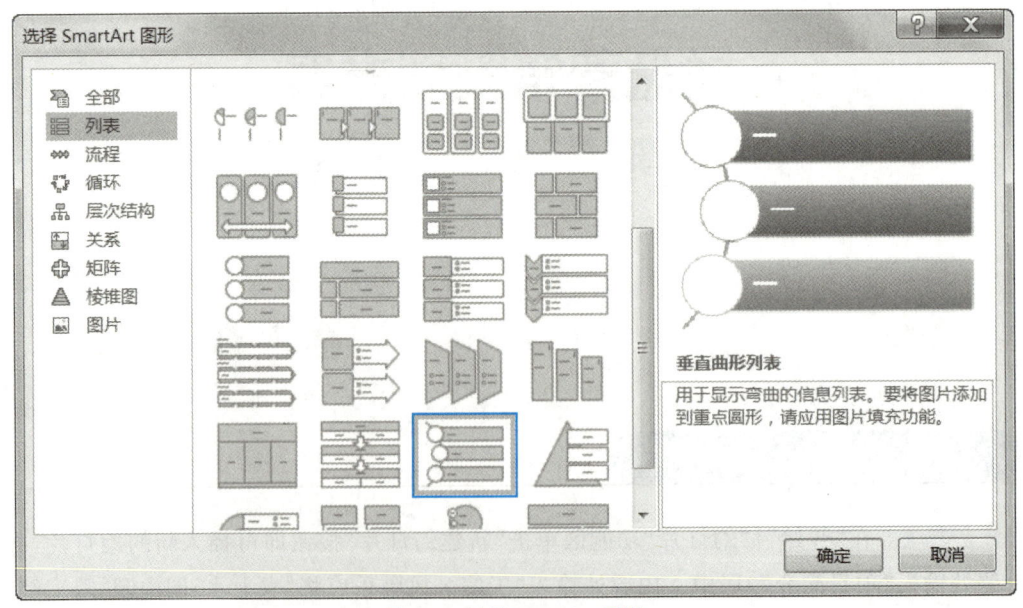

图 5-20 选择 SmartArt 图形

步骤 3 在"SmartArt 工具"|"设计"|"SmartArt 样式"功能区单击"更改颜色"按钮,

在弹出菜单中选择"彩色范围-个性色 5 至 6",如图 5-21 所示。

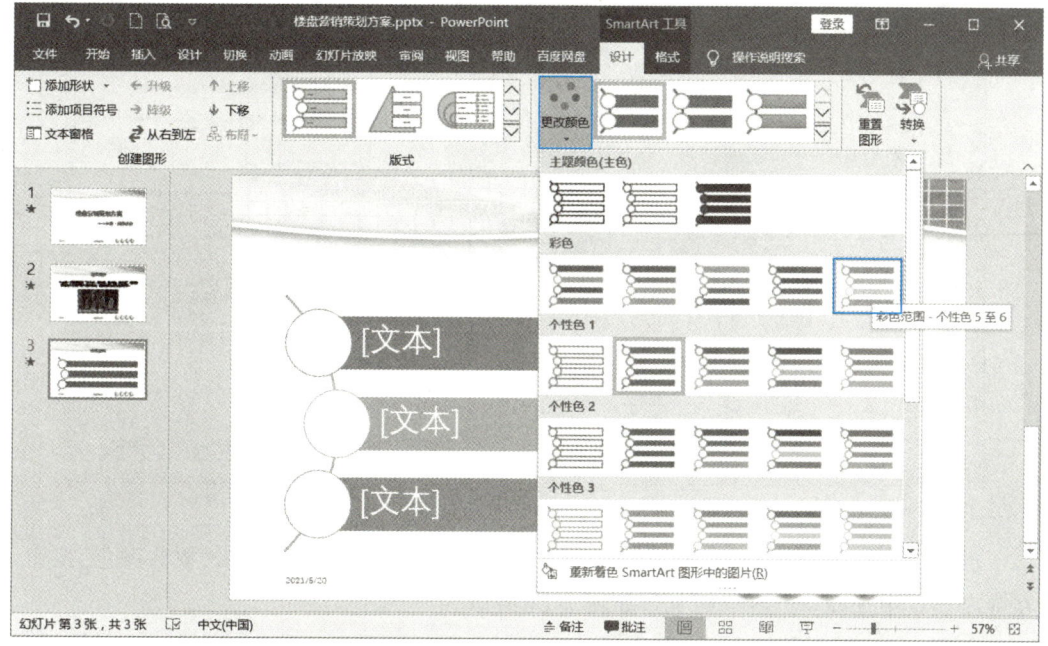

图 5-21 设置 SmartArt 图形颜色

步骤 4 在 SmartArt 图形中分别录入"开发规模加大,速度放缓""价格起伏大,下行趋势明显""供需矛盾突出,压力巨大",完成效果如图 5-22 所示。

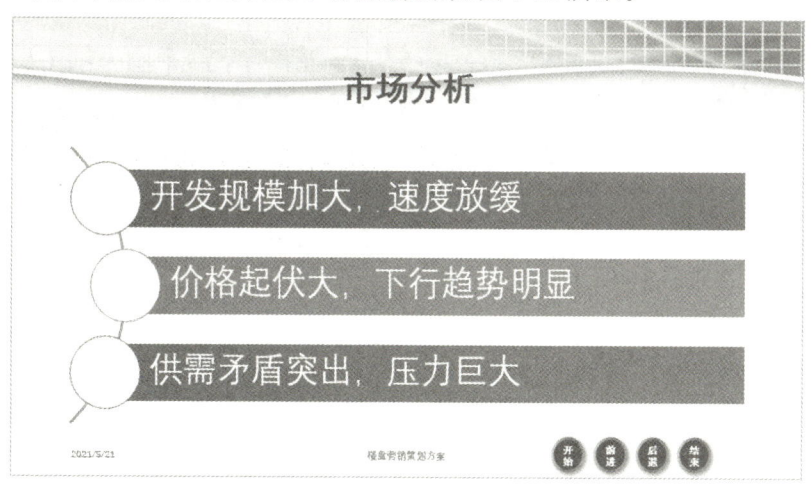

图 5-22 在 SmartArt 图形中录入文字

5.制作竞争者分析幻灯片

步骤 1 同前面的操作插入一张新幻灯片,在标题处输入"竞争者分析",居中。

步骤 2 在"插入"|"插图"功能区单击"SmartArt"按钮,在弹出的"选择 SmartArt 图形"对话框中选择"垂直重点列表",如图 5-23 所示,单击"确定"按钮。

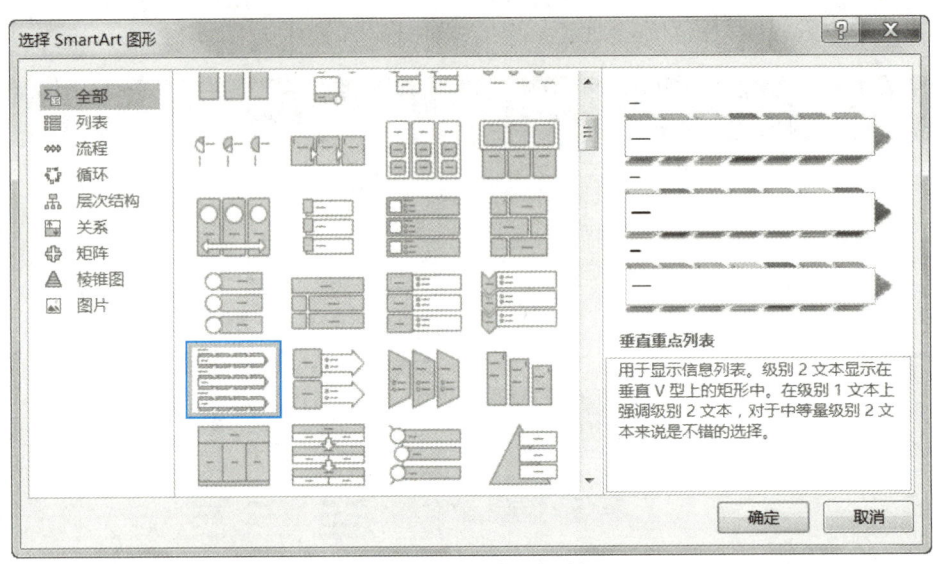

图 5-23 选择"垂直重点列表"

步骤 3 在"SmartArt 工具"|"设计"|"SmartArt 样式"功能区单击"更改颜色"按钮，在弹出菜单中选择"彩色-个性色"，如图 5-24 所示。

步骤 4 在图表中分别输入"赞成·美树""金瑞·风景大院""名城燕园"。对应文字分别插入图片"赞成""金瑞""名城燕园"，适当调整 SmartArt 图形及图片位置和大小。选中三张图片，在"图片工具"|"格式"|"图片样式"功能区设置图片效果为"映像棱台,白色"，如图 5-25 所示。

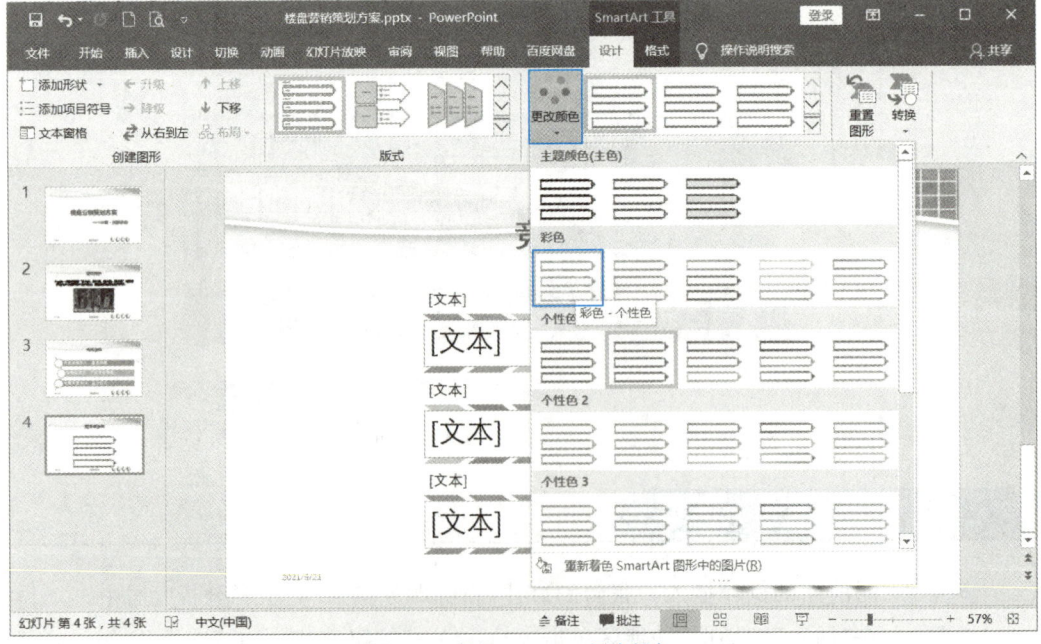

图 5-24 设置 SmartArt 图表颜色

项目5　**PowerPoint 2016软件应用**

图 5-25　设置图片效果

步骤 5　调整图片后最终完成效果如图 5-26 所示。

图 5-26　竞争者分析幻灯片

6.制作 SWOT 分析幻灯片

步骤 1　制作项目优势幻灯片。

①新建一张幻灯片,在标题处输入"SWOT 分析",居中。参考前面的知识点插入 SmartArt 图形,选择"基本射线图",在"SmartArt 工具"|"设计"|"创建图形"功能区单击两次"添加形状"按钮,如图 5-27 所示。完成图形添加后,单击"更改颜色"按钮,选择"彩色范围-个性色 3 至 4"。

153

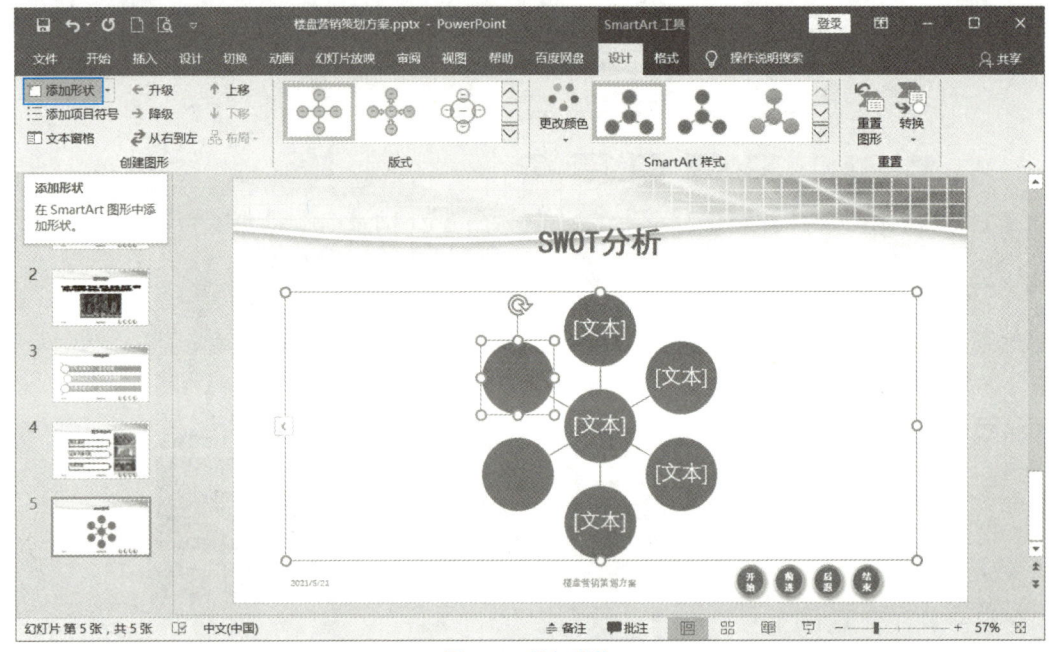

图 5-27 添加形状

②在中心处输入"项目优势",四周分别录入"交通便利""物业层次高""南北通透""跃层式设计""空中排屋""环境突出",完成效果如图 5-28 所示。

图 5-28 在 SmartArt 图形中录入文字

步骤 2 制作项目劣势幻灯片。

①新建一张幻灯片,在标题处输入"SWOT 分析",居中。在"插入"|"插图"功能区单击"形状",在"矩形"中选择"矩形:圆角",如图 5-29 所示。拖动鼠标画出一个圆角矩形,调整圆角矩形形状样式为"细微效果-橄榄色,强调颜色 3",如图 5-30 所示,在圆角矩形中输入文字"项目劣势",设置字体为宋体,32 磅。

②在"插入"|"插图"功能区单击"SmartArt"按钮,在弹出的"选择 SmartArt 图形"对话框中选择"垂直项目符号列表",单击"确定"按钮。在"SmartArt 工具"|"设计"|"SmartArt 样式"功能区单击"更改颜色"按钮,选择"彩色-个性色"。

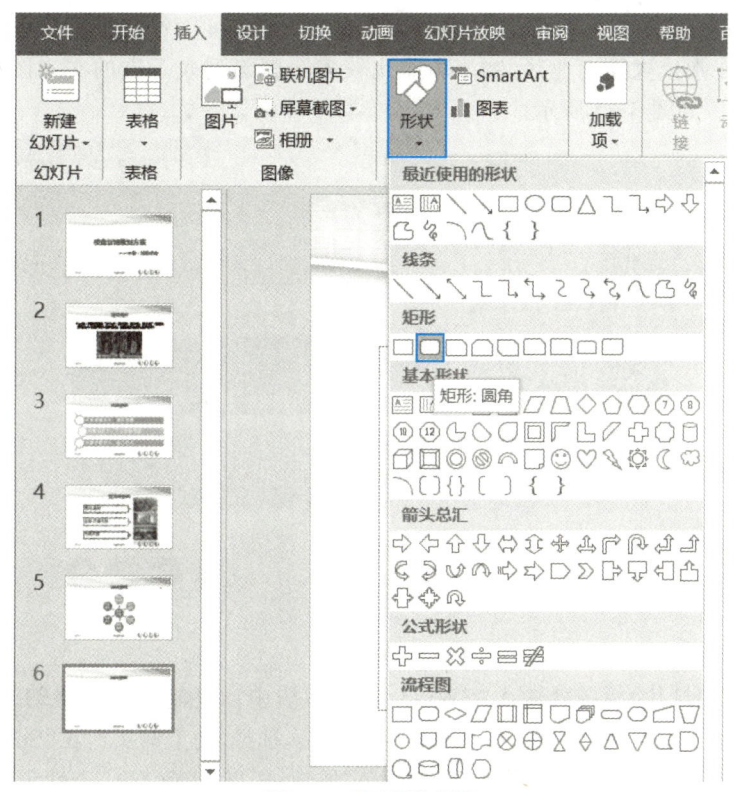

图 5-29 插入圆角矩形

图 5-30 调整圆角矩形形状样式

③在图表中分别录入文字"城北该区域仍处在开发阶段,各公共配套设施正在完善""临近周边还未形成大型商业区,物流企业比较多",删除列表下方的文本图形,设置字体为宋体,28磅。如图5-31所示。

图5-31 项目劣势幻灯片

步骤3 制作项目机会幻灯片。

新建一张幻灯片,标题处输入"SWOT分析",居中。复制项目劣势幻灯片中的圆角矩形,修改文字为"项目机会"。插入SmartArt图形,选择"向上箭头",在"SmartArt工具"|"设计"|"SmartArt样式"功能区单击"更改颜色"按钮,选择"彩色范围-个性色2至3"。在文本处依次输入文字"地域优势""文化优势""服务优势",设置字体为黑体,28磅,加粗。完成效果如图5-32所示。

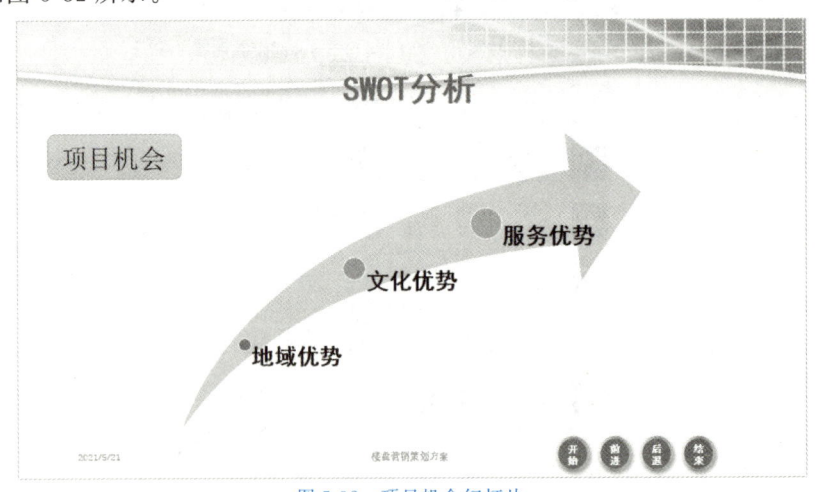

图5-32 项目机会幻灯片

步骤4 制作项目威胁幻灯片。

复制项目劣势幻灯片,放在项目机会幻灯片下方。在制作图形中分别修改文字为"项目威胁""项目文化理念能否得到消费者的青睐成为项目成败的关键""项目商铺的规划,如何有效地规划商铺是整个项目的关键之关键",如图5-33所示。

项目5　PowerPoint 2016软件应用

图 5-33　项目威胁幻灯片

7.制作目标市场分析及定位幻灯片

步骤1　新建一张幻灯片,在标题处输入"目标市场分析及定位",居中。在"插入"|"插图"功能区单击"SmartArt"按钮,在弹出的"选择 SmartArt 图形"对话框中选择"基本棱锥图",更改颜色为"彩色范围-个性色5至6"。

步骤2　在"SmartArt 工具"|"设计"|"创建图形"功能区单击"添加形状"按钮两次,添加两个形状后从下至上依次录入文字"需要文化底蕴高收入者""政府机关人员""企事业人员""高端人群""文化人士",适当调整大小。如图5-34所示。

图 5-34　目标市场分析及定位幻灯片

8.制作项目营销推广策略幻灯片

步骤1　新建一张幻灯片,在标题处输入"项目营销推广策略",居中。插入SmartArt 图形中的"射线循环",在"SmartArt 工具"|"设计"|"SmartArt 样式"功能区中更改颜色为"彩色范围-个性色3至4","SmartArt 样式"为"优雅"。

步骤 2 参考前面的知识点添加形状,在中心圆文本处录入"产品创新",外圆文本处依次录入"项目设计""空间布局""艺术风格""项目视觉""户型设计""建筑风格",如图 5-35 所示。

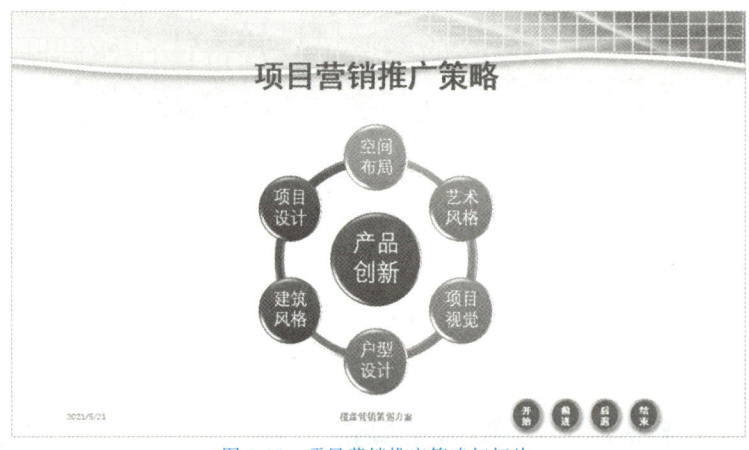

图 5-35 项目营销推广策略幻灯片

9.制作项目产品创新幻灯片

步骤 1 新建一张幻灯片,在标题处输入"项目产品创新",居中。插入素材文件夹中的四张图片"项目产品 1"~"项目产品 4",按住 Ctrl 键依次选中所有图片,单击"图片工具"|"格式"|"大小"功能区的扩展按钮,打开"设置图片格式"窗格,在窗格中取消选择"锁定纵横比",设置图片高度为 6 厘米,宽度为 9 厘米,单击"关闭"按钮,如图 5-36 所示。

步骤 2 再在"图片工具"|"格式"|"图片样式"功能区中选择"映像圆角矩形",如图 5-37 所示。调整图片位置,完成后如图 5-38 所示。

图 5-36 设置图片格式   图 5-37 设置图片样式

图 5-38 项目产品创新幻灯片

10. 制作营销推广项目周期规划幻灯片

步骤 1 新建一张幻灯片,在标题处输入"营销推广项目周期规划",居中。在"插入"|"表格"功能区单击"表格"按钮,在弹出的下拉列表中单击"插入表格"选项,在弹出的"插入表格"对话框中输入"列数"为 2,"行数"为 7,单击"确定"按钮,如图 5-39 所示。

图 5-39 插入表格

步骤 2 选中表格,在"表格工具"|"设计"|"表格样式"功能区中选择"中度样式 2-强调 1",如图 5-40 所示。右击表格,选择"设置形状格式",打开"设置形状格式"窗格,选择"文本选项",单击"文本框"选项卡,设置"垂直对齐方式"为"中部居中",如图 5-41 所示,单击"关闭"按钮。

步骤 3 在表格第一列中依次输入"阶段""预热推广期""引爆推广期""开盘强销期""持续保温期""结顶冲刺期""现房扫尾期",第二列中依次输入"预计销售率""0""1%~30%""31%~45%""46%~60%""61%~85%""基本销售完(>85%)",设置为宋体,字号默认。如图 5-42 所示。

图 5-40　设置表格样式

图 5-41　设置形状格式

图 5-42　营销推广项目周期规划幻灯片

11. 制作项目营销推广幻灯片

新建一张幻灯片，在标题处输入"项目营销推广"，居中。插入"SmartArt"图形中的"步骤上移流程"，参考前面的知识点再添加三个形状，"更改颜色"为"彩色范围-个性色 5 至 6"，依次在文本处输入"预热推广期""引爆推广期""开盘强销期""持续保温期""结顶冲刺期""现房扫尾期"，设置字体为宋体，24 磅，加粗，如图 5-43 所示。

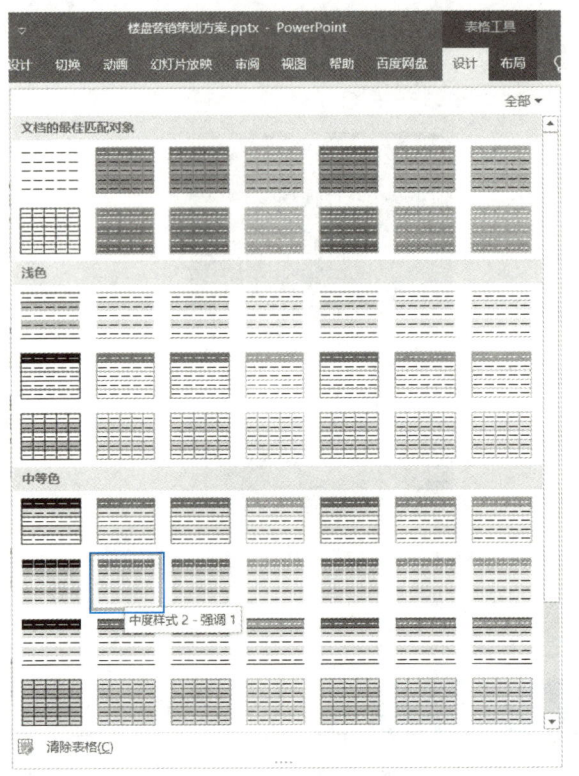

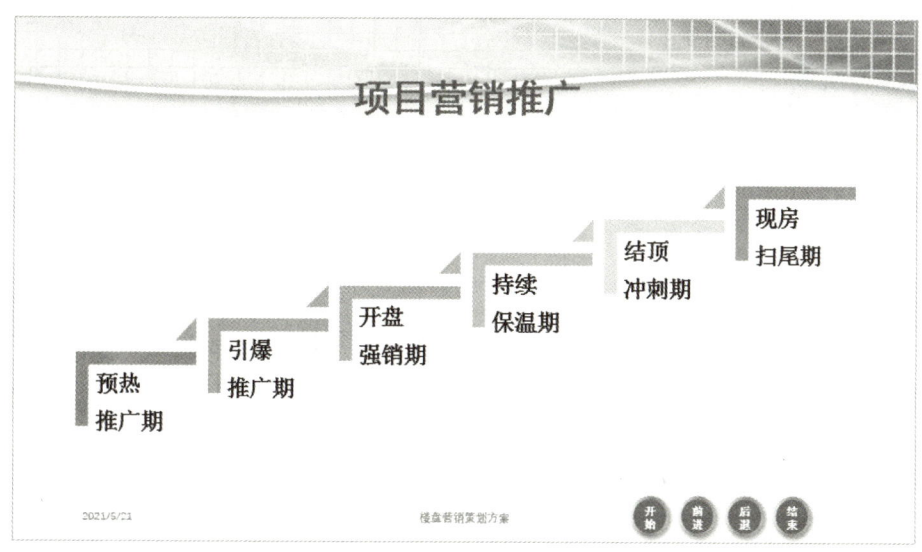

图5-43 项目营销推广幻灯片

12.保存幻灯片

使用快捷键 Ctrl+S 或单击 按钮对演示文稿进行保存。

巩固与提高练习

打开素材文件任务2\PPT01.ppt，按下列要求进行操作并保存：

将第三张幻灯片版式改为"垂直排列标题与文本"，将第一张幻灯片背景填充纹理改为"沙滩"。为文稿中的第二张幻灯片添加标题"项目计划过程"，设置字体为隶书，48磅。然后将该幻灯片移动到文稿的最后，作为整个文稿的第三张幻灯片。

任务 5-3 设置幻灯片切换及动画效果

实训目的

1. 掌握幻灯片切换效果动画设置方法。
2. 掌握 SmartArt 图形动画设置方法。
3. 掌握幻灯片对象动画的设置方法。

计算机文化基础 实训指导

实训内容

1. 设置幻灯片切换效果。
2. 设置 SmartArt 图形动画。
3. 设置幻灯片对象进入、强调、退出的动画效果。

实训要求

1. 设置第一张幻灯片的切换效果,要求单击时有风铃声音的传送带效果。设置部分幻灯片的切换效果为"传送带"。
2. 设置各张幻灯片的动画效果并保存幻灯片。

实训操作步骤

1. 设置幻灯片切换效果

打开"楼盘营销策划方案"演示文稿,选中第一张幻灯片,选择"切换"|"切换到此幻灯片"功能区中的"传送带",在"切换"|"计时"功能区中选择"声音"为"风铃","换片方式"为"单击鼠标时",如图 5-44 和图 5-45 所示。

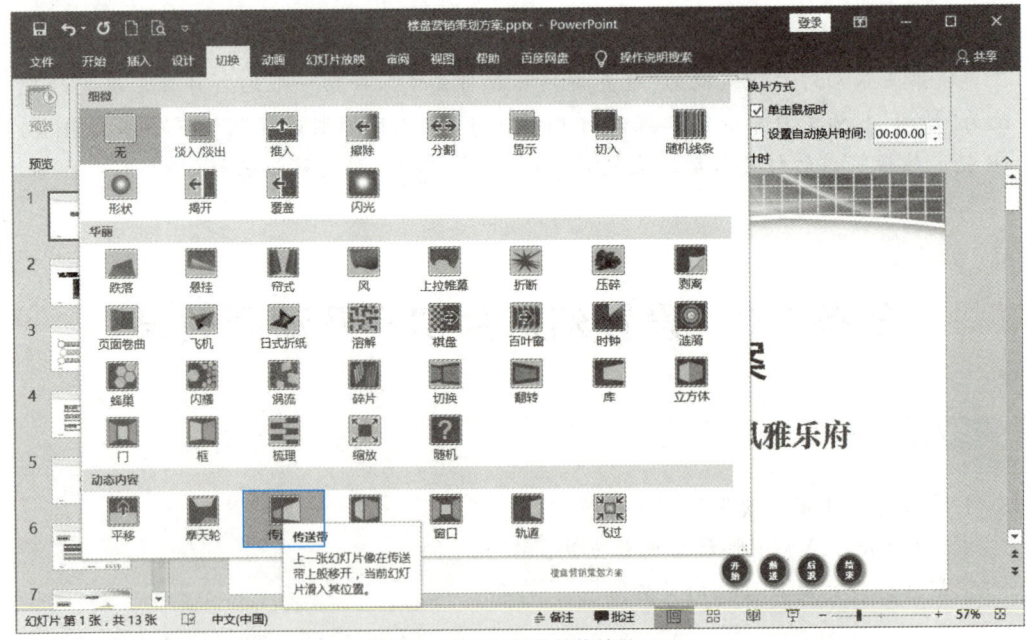

图 5-44 设置幻灯片切换效果(1)

图 5-45　设置幻灯片切换效果(2)

2.设置幻灯片动画效果

步骤 1　设置首页幻灯片动画。

选中首页幻灯片中的主标题,选择"动画"|"动画"功能区中的"弹跳",如图 5-46 所示,同理,设置副标题动画为"浮入"效果。

动画设置

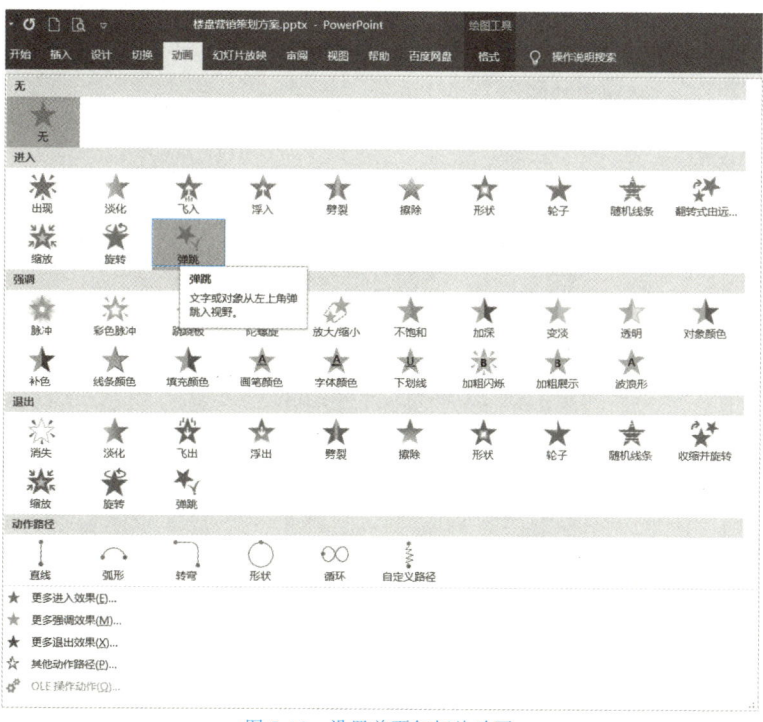

图 5-46　设置首页幻灯片动画

步骤 2 设置项目简介幻灯片动画。

选中第二张幻灯片中的标题,设置动画为"进入"中的"擦除",方向为"自左侧"。选择文本,设置动画为"进入"中的"形状","效果选项"为"圆形"。选中图片,在"动画"|"动画"功能区中选择"更多进入效果",在弹出的"更改进入效果"对话框中选择"螺旋飞入"。如图 5-47 和图 5-48 所示。

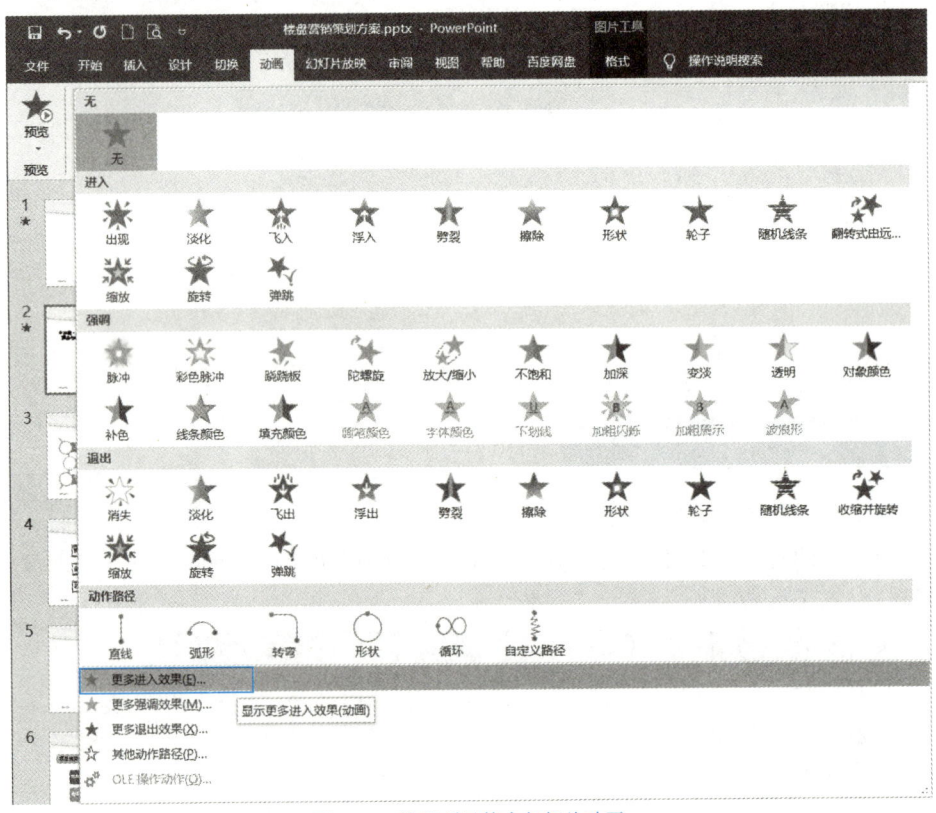

图 5-47 设置项目简介幻灯片动画

图 5-48 设置螺旋飞入效果

步骤3 设置市场分析幻灯片动画。

标题动画与项目简介幻灯片标题相同,SmartArt图形动画设置为"强调"中的"放大/缩小",如图5-49所示。

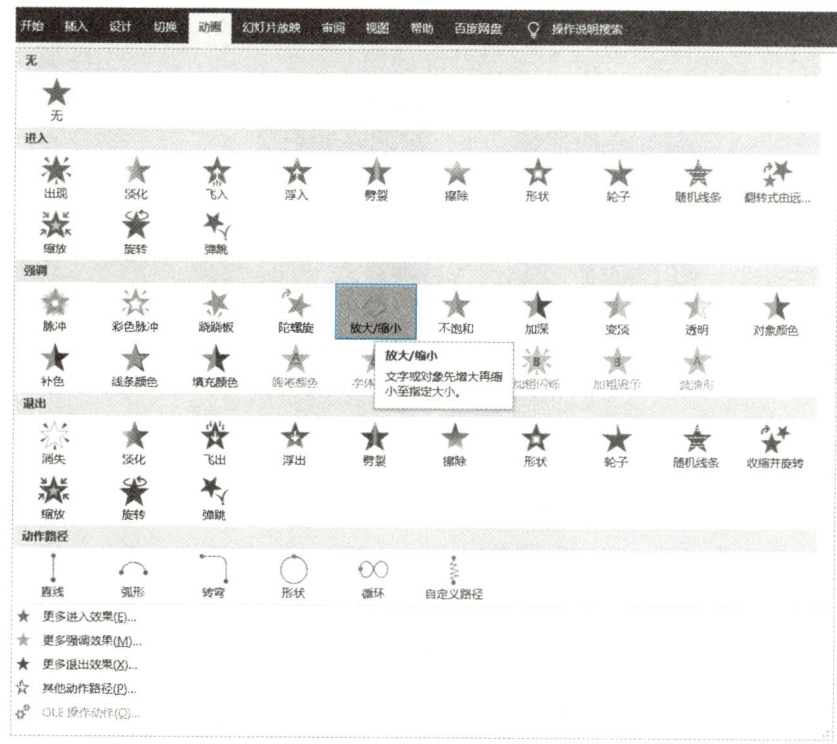

图5-49 设置市场分析幻灯片动画

步骤4 设置竞争者分析幻灯片动画。

标题动画同上设置,选中SmartArt图形,右击,选择"组合"|"取消组合"两次,将三部分分别重新组合,设置"赞成·美树"动画为"飞入",方向为"自左侧",并将"赞成"图片动画设置为"缩放"。同理设置"金瑞·风景大院""名城燕园"及对应图片的动画。

步骤5 设置SWOT分析四张幻灯片动画。

设置SWOT分析四张幻灯片的切换方式为"传送带"。

步骤6 设置目标市场分析及定位幻灯片动画。

标题动画同项目简介幻灯片设置,选中SmartArt图形,右击,选择"组合"|"取消组合"两次,依次从底部设置"进入"动画为"切入",方向为"自底部"。

步骤7 设置项目营销推广策略幻灯片动画。

设置项目营销推广策略幻灯片的切换方式为"传送带"。

步骤8 设置项目产品创新幻灯片动画。

标题动画同项目简介幻灯片设置,设置项目产品1图片进入动画为"轮子"效果,"效果选项"为"4轮辐图案",在"动画"|"高级动画"功能区中单击"添加动画"下拉按钮,选择"退出"中的"随机线条"效果,设置"效果选项"为"水平",如图5-50所示。同理,设置项目产品2、项目产品3、项目产品4图片的进入、退出动画。

图 5-50 添加动画

步骤 9 设置营销推广项目周期规划幻灯片、项目营销推广幻灯片的切换方式为"传送带"。

步骤 10 保存设置好的"楼盘营销策划方案"演示文稿。

巩固与提高练习

1.打开素材文件任务 3\PPT01.ppt,并按下列要求进行操作并保存。

①将第一张幻灯片的主标题文字的字体设置为"黑体",字号设置为 48 磅,加粗,加下划线。将第二张幻灯片文本的动画设置为"擦除","效果选项"为"自左侧"。图片的动画设置为"飞入","效果选项"为"自右下部"。将第三张幻灯片背景填充预设为"金色年华","类型"为"矩形","方向"为"从左下角"。

②第二张幻灯片的动画出现顺序为先图片、后文本。使用"行云流水"模版修饰全文。放映方式为"观众自行浏览(窗口)"。

2.打开素材文件任务 3\PPT02.ppt,并按下列要求进行操作并保存。

使用"顶峰"演示文稿设计模板修饰全文。在演示文稿的开始处插入一张"仅标题"幻灯片,作为文稿的第一张幻灯片,标题键入"大气才能成功",并设置为 72 磅。在第二张幻灯片的主标题中键入"我想做一个智慧的女人",并设置为 60 磅,加粗,红色(请用自定义标签中的颜色,色值为:红色 230,绿色 1,蓝色 1)。将第三张幻灯片版式更改为"垂直排列标题与文本"。将第四张幻灯片剪贴画动画设置为"随机垂直线条"。全部幻灯片的切换效果设置为"随机水平线条"。

3.打开素材文件任务3\PPT03.ppt,并按下列要求进行操作并保存。

在演示文稿头部插入一张版式为"标题幻灯片"的新幻灯片,主标题键入"佳能",设置为楷体,加粗,66磅,蓝色(用自定义标签中的颜色,色值为:红色0,绿色0,蓝色255),副标题键入"感动常在",设置为宋体,加粗,44磅,绿色(用自定义标签中的颜色,色值为:红色0,绿色255,蓝色0)。

第一张幻灯片的背景预设颜色为"心如止水","类型"为"矩形";第二、三张幻灯片除标题外,文本和图片动画设置为"飞入","效果选项"为"自底部"。

项目 6

计算机网络应用

本项目是讲解 Windows 7 操作系统环境下的网络应用。主要讲解主机信息、网络参数和 Internet 协议属性的查看并进行相关的设置,利用 ipconfig 命令看相关信息,利用 Ping 命令查看网络的连通性,设置文件的共享及 Internet 的使用和设置等。

任务 6-1 网络配置与网络资源共享设置

实训目的

1. 了解网络基本配置中包含的协议、服务和基本参数。
2. 掌握 IP 地址的设置方法,并会利用 ipconfig 命令查看网卡信息。
3. 了解 Ping 命令的作用及简单的使用方法。
4. 掌握网络资源共享的设置方法。
5. 掌握邮箱的申请及使用方法。

实训内容

1. 查看当前使用的计算机的主机名称和网络参数。
2. 查看 Internet 协议属性并进行相关设置。
3. 建立 ADSL 虚拟拨号连接。
4. 设置本地文件夹为共享文件夹,并设置共享参数。
5. 将局域网中可共享的资源设置网络驱动器映射,并进行访问。
6. 利用 ipconfig 命令查看本机网卡信息。
7. 利用 Ping 命令查看网络连通性。
8. 邮箱的申请及应用。

实训要求

1. 通过"控制面板"打开"系统属性"对话框,查看所使用计算机的计算机名称和工作组。
2. 为所使用的计算机设置"IP 地址""子网掩码""默认网关""首选 DNS 服务器"。
3. 建立 ADSL 虚拟拨号连接。
4. 设置本地文件夹为共享文件夹,文件夹中的内容能被网上所有用户访问,但不允许其他用户增加、更改或删除其中的内容。
5. 将局域网中可共享的资源设置网络驱动器映射,并进行访问。
6. 在命令提示符状态下,利用 ipconfig 命令查看本机网卡地址。
7. 用 Ping 命令测试网络连通性。
8. 利用免费邮箱和 Foxmail 收发邮件。

实训操作步骤

1. 网络配置管理

(1) 查看所使用计算机的名称和所属工作组

"系统属性"对话框(图 6-1)主要用于设置计算机属性,查看所使用计算机的工作组。主要用在网络中互访,网络协议按照"计算机名"来识别网络中的各台计算机。当其他用户浏览网络时,可以看到该计算机的名称。打开"系统属性"对话框的方法主要有以下两种。

图 6-1 "系统属性"对话框

方法一：在桌面上右击"计算机"图标，在弹出的快捷菜单中选择"属性"命令，然后在"系统"窗口中单击"更改设置"链接即可。

方法二：打开"控制面板"窗口，选择"系统和安全"|"系统"命令，在打开的界面中选择"更改设置"选项即可。

在"计算机名"选项卡中可以查看计算机全名及所在工作组。

(2) 配置局域网

步骤1 选择"开始"|"控制面板"命令，打开"所有控制面板项"窗口。

步骤2 单击"网络和共享中心"超链接，打开"网络和共享中心"窗口，如图6-2所示。

图6-2 "网络和共享中心"窗口

步骤3 单击"网络和共享中心"窗口中的"本地连接"链接，打开"本地连接 状态"对话框，单击"属性"按钮，打开"本地连接 属性"对话框，如图6-3所示。

步骤4 在"本地连接 属性"对话框中，在"此连接使用下列项目"列表中双击"Internet 协议版本 4(TCP/IPv4)"选项，打开"Internet 协议版本 4(TCP/IPv4)属性"对话框，如图6-4所示。

步骤5 在"Internet 协议版本 4(TCP/IPv4)属性"对话框中选中"使用下面的 IP 地址"单选按钮，在"IP 地址"与"默认网关"文本框中分别输入 IP 地址和网关地址，单击"子网掩码"文本框，系统将根据 IP 地址自动分配子网掩码，在"使用下面的 DNS 服务器地址"栏的"首选 DNS 服务器"中输入 DNS 服务器地址，如图6-5所示。

步骤6 依次单击"确定"按钮，完成本地连接 TCP/IP 属性的设置。

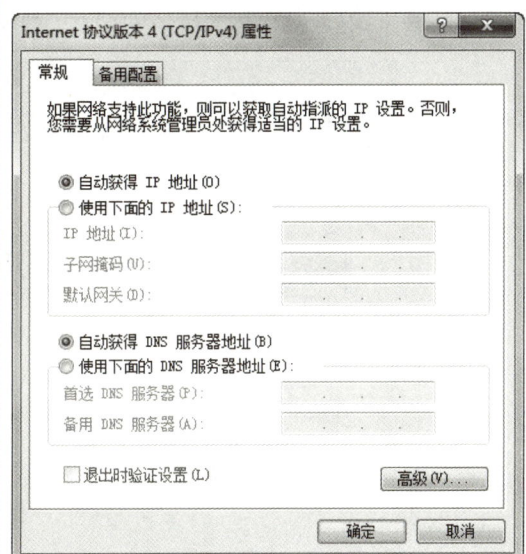

图 6-3 "本地连接 属性"对话框

图 6-4 "Internet 协议版本 4(TCP/IPv4)属性"对话框

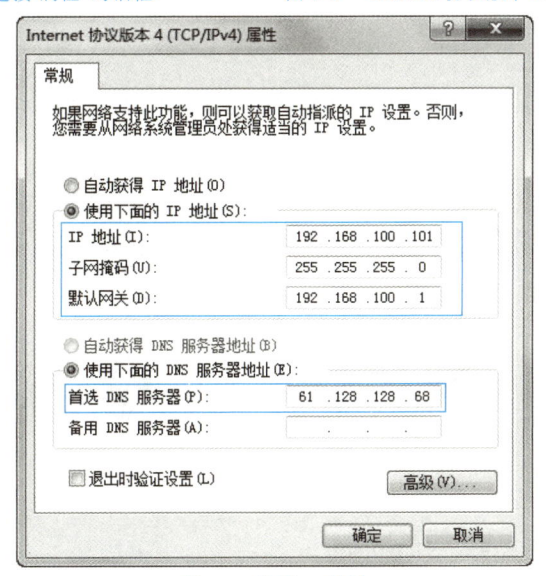

图 6-5 设置 IP 地址

2.建立 ADSL 虚拟拨号连接

建立 ADSL 虚拟拨号连接步骤如下：

步骤 1　打开"开始"菜单，选择"控制面板"命令，打开"所有控制面板项"窗口，同前面的步骤打开"网络和共享中心"窗口。

步骤 2　在"网络和共享中心"窗口下方的"更改网络设置"中单击"设置新的连接或网络"选项。

步骤 3　打开"设置连接或网络"窗口，单击"下一步"按钮，打开"选择一个连接选项"

窗口,选择"连接到 Internet"选项,如图 6-6 所示。单击"下一步"按钮,如果已经连接到 Internet,选择"仍要设置新连接",如图 6-7 所示。

图 6-6 "选择一个连接选项"窗口

图 6-7 仍要设置新连接

步骤 4 选择"宽带(PPPoE)"选项,如图 6-8 所示。
步骤 5 在打开的界面中,输入用户名和密码,如图 6-9 所示。

图 6-8　选择"宽带(PPPoE)"

图 6-9　输入用户信息

步骤 6　单击"连接"按钮,这时会出现连接窗口。如果不想现在连接,单击"取消"按钮。在以后使用时,单击任务栏右下角本地连接图标,可以打开当前连接的网络列表,如图 6-10 所示。在列表中选择"宽带连接",打开"连接 宽带连接"对话框,如图 6-11 所示,单击"连接"按钮即可连入网络。

图 6-10　宽带连接列表　　　　　　图 6-11　连接上网

3.网络资源共享设置

(1)设置共享文件夹

步骤 1　在本地计算机 D 盘根目录下建立名为 candy 的文件夹,并从当前磁盘中任意选择一个 Excel 文件复制到所建立的文件夹内。

步骤 2　右击 candy 文件夹图标,在弹出的快捷菜单中选择"共享"|"特定用户"命令。

步骤 3　打开"文件共享"窗口,单击下拉按钮,在弹出的下拉列表中选择"Everyone"选项,如图 6-12 所示。

图 6-12　"文件共享"窗口

步骤 4　单击"添加"按钮,添加用户。单击"Everyone"选项,在弹出的下拉列表中选择"读取"选项,如图 6-13 所示。

步骤 5　单击"共享"按钮,打开共享成功提示框,单击"确定"按钮,关闭对话框,完成网络资源共享。

图 6-13 设置权限级别

4.映射网络驱动器

将网络共享驱动器(或共享文件夹)设置为本地计算机上的驱动器盘符,称为映射网络驱动器。

步骤 1 右击桌面的"网络"图标,选择"映射网络驱动器"命令,如图 6-14 所示,即可打开"映射网络驱动器"对话框。

步骤 2 在"驱动器"中选择盘符"Z:"。

步骤 3 在文件夹中单击"浏览"按钮定位资源(必须是共享的资源),如果想要在每次登录网络时都建立连接,可选择对话框中"登录时重新连接"选项,如图 6-15 所示。单击"完成"按钮。

图 6-14 选择"映射网络驱动器"命令　　图 6-15 "映射网络驱动器"对话框

步骤 4 打开"计算机",可以看见该映射驱动器和本地磁盘排列在一起,网络驱动器映射可以方便地访问远程和本地的文件,而不必每次都定位。

5.查看网卡信息

(1)查看本地网卡地址

步骤 1 按 Win+R 快捷键,弹出"运行"对话框,在文本框中输入 cmd 或 command 命令,如图 6-16 所示。

图 6-16 "运行"对话框

步骤 2 单击"确定"按钮,进入 Windows 命令行窗口,在命令行中输入 ipconfig /all 命令,如图 6-17 所示。

图 6-17 命令行窗口

步骤 3 按 Enter 键就可以查看计算机的网卡地址及 IP 地址等相关信息,如图 6-18 所示。

图 6-18 地址信息

(2)网络连通测试

步骤 1 测试本机连通性,在 Windows 命令行中输入 Ping 127.0.0.1 命令,按 Enter 键,可以根据应答信息判定本机连通情况。测试结果如图 6-19 所示,表明本机回路连通。

图 6-19　本机连通性测试

步骤 2　测试与 www.163.com 服务器的连通性。在 Windows 命令行输入 Ping www.163.com 命令，按 Enter 键，查看连通性，测试结果如图 6-20 所示。

图 6-20　外网连通性测试

6.1 26 邮箱的申请和使用

（1）邮箱的申请

步骤 1　打开 126 网站。打开浏览器，在地址栏中输入 126 网站地址进入网站，如图 6-21 所示。

图 6-21　邮箱网站首页

步骤2 单击"注册网易邮箱",打开注册界面。选择"免费邮箱",按要求填写相关信息,并用自己的手机号办理手机验证。勾选"同意《服务条款》、《隐私条款》和《儿童隐私政策》",单击"立即注册"按钮,如图 6-22 所示。

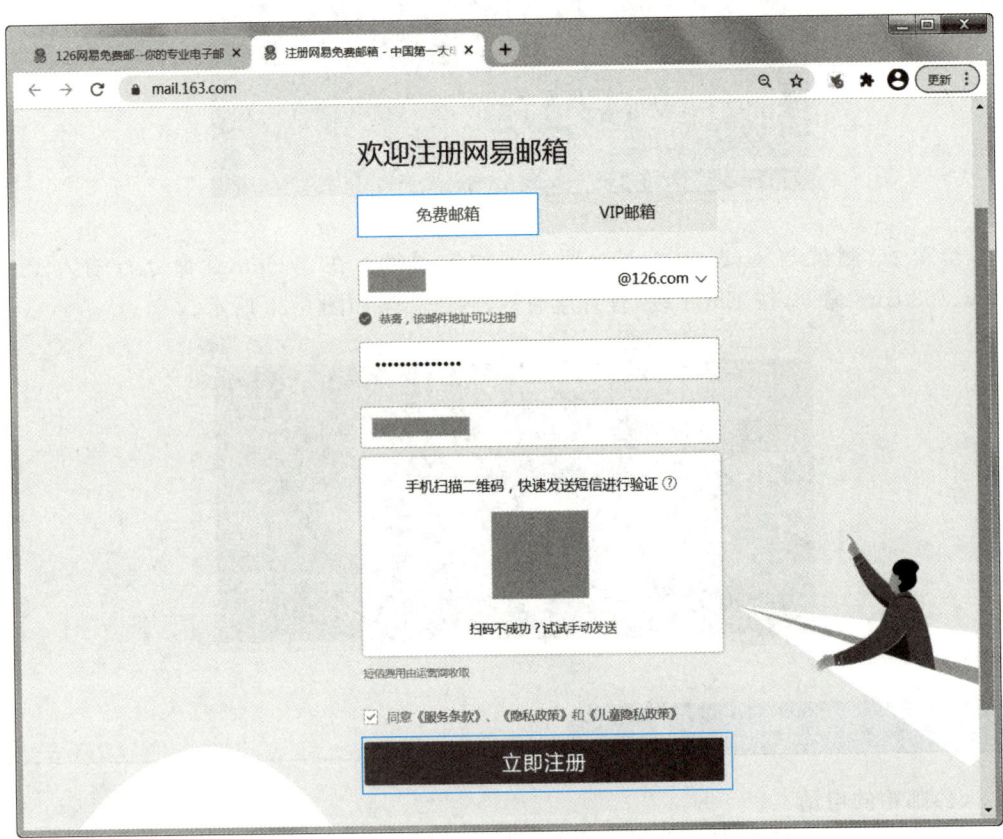

图 6-22 注册页面

步骤3 弹出注册成功页面,如图 6-23 所示。

图 6-23 注册成功页面

(2)邮箱登录

可在图 6-23 中单击"进入邮箱"直接进入邮箱。若之后再进入邮箱,按以下步骤操作:

步骤 1　打开浏览器,在地址栏中输入 126 网站网址,进入网站。

步骤 2　输入用户名和密码,然后单击"登录"按钮即可进入邮箱,如图 6-24 所示。

图 6-24　登录页面

(3)收信

步骤 1　查看"收件箱",如果邮箱中有未读邮件,则在进入邮箱后在收件箱位置有提示,如图 6-25 所示。

图 6-25　邮箱用户首页

步骤 2　单击"收件箱"或"未读邮件"均能进入收件箱查看邮件。这时会看到未读邮件的发件人、主题、发信时间等,如图 6-26 所示。

图 6-26 查看未读邮件

步骤 3   单击"发件人"或"主题"均能看到邮件具体内容,如图 6-27 所示。

(4)写信

步骤 1   登录邮箱后,可单击"写信"按钮,依次填写"收件人""主题""邮件内容"等。如果是同时发给多个收件人,可用","隔开;也可以从右边的"所有联系人"列表中直接选择。如图 6-28 所示。

图 6-27   读取邮件

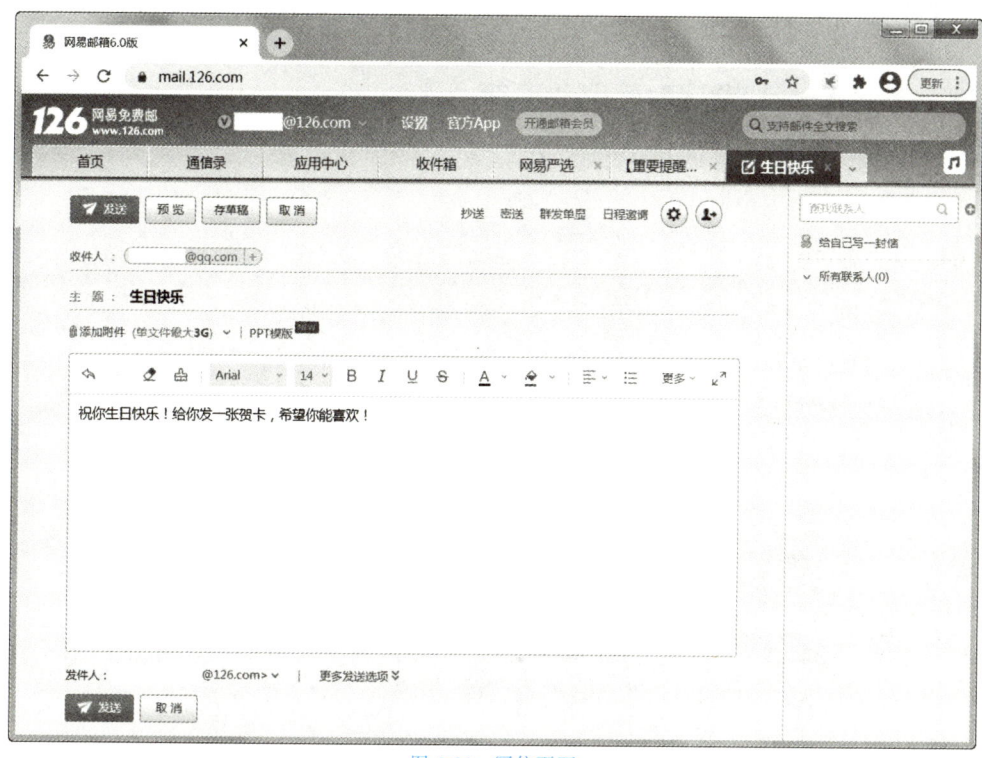

图 6-28　写信页面

步骤 2　添加附件。

如果发送邮件的同时还需要发送文件或图片等给对方,则要求在邮件上添加附件。单击"添加附件",出现"选择文件"对话框,找到要发送的文件,单击"打开"即可添加附件,如图 6-29 所示;如果有很多附件,只需再次单击"添加附件"。填写完成后,单击"发送"按钮(界面上、下两个按钮均可),首次发送邮件时会弹出设置姓名提示界面,填写后单击"保存并发送"按钮即将邮件寄出。也可以单击"存草稿",将邮件保存在邮箱中而不寄出。

图 6-29　添加附件

步骤 3　通过阅读邮件时的"回复"按钮写信。

在阅读邮件时,单击邮件上面的"回复"按钮即可给发件人回信,如图 6-30 所示。这样就不需要填写收件人的地址,主题也是针对发件人主题的回复,如图 6-31 所示。

图 6-30　回复邮件

图 6-31　回复页面

> **知识小贴士**
>
> 邮箱通信录的建立方法：
> ①在阅读邮件时单击"发件人"后面的"＋"号，再单击"确定"按钮就可以将发件人添加到通信录中。
> ②单击邮箱上面的"通信录"，再单击"新建联系人"，按要求输入联系人。
> ③单击邮箱上面的"通信录"，再单击"导入/导出"列表中的相关命令，选择通信录文件导入即可。

7.使用 Foxmail 收发邮件

Foxmail 是国内开发的 Internet 电子邮件软件，是一个多用户、多账户、POP3 支持的软件，采用邮箱目录树结构，可以建立多个子邮件夹和子邮箱。

（1）Foxmail 的设置

步骤 1　首次启动 Foxmail，进入 Foxmail 用户向导，单击"其他邮箱"，如图 6-32 所示。

步骤 2　输入电子邮件地址和密码，单击"创建"按钮，即可创建账号，结果如图 6-33 所示。

图 6-32　Foxmail 用户向导　　　　　　　　　　图 6-33　账户建立完成

(2)接收电子邮件

账户建立完成后,Foxmail 会自动下载收件箱的邮件,如图 6-34 所示。随后,在 Foxmail 主窗口中的收件箱旁边会显示红色的数字,如图 6-35 所示,该数字表示收件箱中有多少封邮件没有被查看。"邮件"列表中显示了邮件的一些相关信息,如是否有附件、主题、日期等。加粗表示的是未阅读邮件,选中一个后,在"邮件"列表底部会显示该邮件的主题和内容,也可双击某邮件进入邮件阅读窗口查看邮件的内容。

图 6-34　接收邮件

图 6-35　阅读邮件

(3)撰写电子邮件

步骤 1　在 Foxmail 窗口中,单击"写邮件"按钮,弹出如图 6-36 所示的窗口,在该窗口中可以编写邮件的内容。

图 6-36 写邮件窗口

步骤 2 在"收件人"文本框中输入接收者的电子邮件地址(如果有多个收件人,可用分号间隔),在"抄送"文本框中输入邮件抄送的接收者电子邮件地址(可选项),在"主题"文本框中输入该邮件的主题,在编辑区输入邮件的具体内容。若需添加附件,可单击工具栏中"附件"按钮,在弹出的窗口中选择附加的文件,附加多个文件时,可重复该操作。如图 6-37 所示。

图 6-37 邮件附件

(4)发送邮件

邮件写完后,单击工具栏中的"发送"按钮,将邮件立即发送出去。如图 6-38 所示。

图 6-38 发送邮件

巩固与提高练习

1.向同学小雨发一个E-mail,并将素材文件夹中的文本文件"zws.txt"作为附件一起发出。具体如下：

【收件人】xiaoyu0806@sina.com.cn

【主题】有关真维斯资料

【函件内容】小雨：这是有关真维斯的资料。

2.教师节快到了,给老师们发一封邮件,送上自己的祝福。将素材文件夹中的"teacher.jpg"作为附件,具体如下：

【收件人】runtv@sina.com.cn

【抄送】zhangchuan@126.com,songde@163.com 和 davie_liu@gmail.com

【主题】教师节快乐！

【函件内容】老师,节日快乐！

任务6-2　IE浏览器的设置与使用

实训目的

1.熟悉Internet选项的设置。
2.掌握IE浏览器的启动与关闭方法。
3.掌握收藏夹的使用方法。
4.掌握保存网页信息的操作方法和网络资源的下载方法。

实训内容

1.设置Internet浏览器的主页。
2.设置浏览器临时文件和浏览历史。
3.浏览大连理工大学主页的相关内容,保存网页信息。
4.下载指定资源。

实训要求

1.设置IE浏览器的默认主页为空白。
2.为IE浏览器删除临时文件和历史记录。

3.设置 Internet 临时文件夹所用空间为 330 MB,设置网页保存在历史记录中的天数为 20 天。

4.打开大连理工大学首页,并保存。

5.使用百度搜索 QQ,并下载 QQ。

实训操作步骤

1.IE 浏览器的设置与使用

(1)设置启动 IE 浏览器时的默认主页为空白页

步骤 1 启动 IE 浏览器,单击命令栏中的"工具"按钮,在弹出的下拉菜单中选择"Internet 选项"命令,如图 6-39 所示。

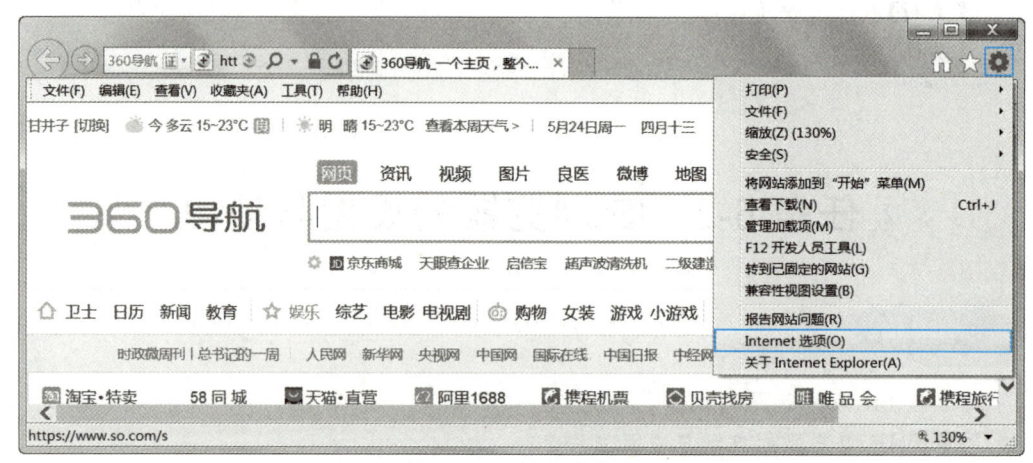

图 6-39 "工具"下拉菜单

步骤 2 在打开的"Internet 选项"对话框中选择"常规"选项卡,在"主页"文本框中输入主页网址为空白页,如图 6-40 所示。

步骤 3 依次单击"应用"和"确定"按钮,完成主页的设置。

(2)删除临时文件和历史记录

步骤 1 参考前面的知识点打开"Internet 选项"对话框中选择"常规"选项卡,单击"浏览历史记录"栏中的"删除"按钮,如图 6-40 所示。

步骤 2 在弹出的"删除浏览历史记录"对话框中,选中相关历史记录项目面前的复选框,单击"删除"按钮,返回"Internet 选项"对话框,单击"确定"按钮,关闭该对话框,完成删除历史记录操作,如图 6-41 所示。

(3)设置临时文件夹空间和历史记录保存的天数

设置 Internet 临时文件夹所用空间为 330 MB,设置网页保存在历史记录中的天数为 20 天。

项目6　计算机网络应用

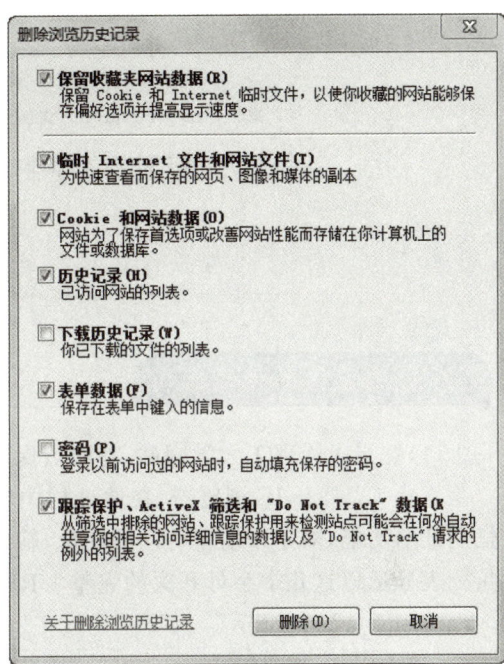

图 6-40　"Internet 选项"对话框

图 6-41　"删除浏览历史记录"对话框

步骤 1　打开"Internet 选项"对话框"常规"选项卡,单击"浏览历史记录"栏中的"设置"按钮。

步骤 2　打开"网站数据设置"对话框,在"使用的磁盘空间(8-1024MB)"中输入 330 MB,也可用微调按钮设置可用磁盘空间,如图 6-42 所示。

图 6-42　设置 Internet 临时文件

步骤 3　在"历史记录"选项卡的"在历史记录中网页保存的天数"文本框中输入历史记录保存天数为 20,如图 6-43 所示。

187

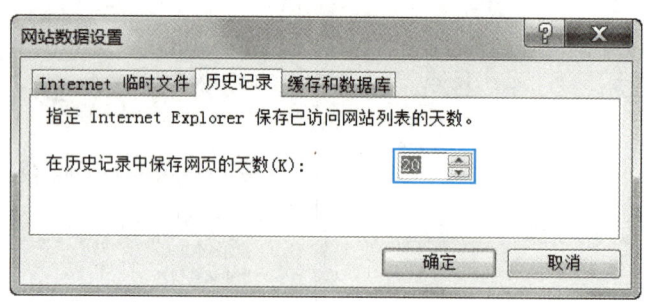

图 6-43　设置 Internet 临时文件

2.IE 浏览器的使用

（1）登录大连理工大学网站，将网页保存到本机桌面上

步骤 1　打开 IE 浏览器，在地址栏中输入大连理工大学网站网址。由于 IE 具有记忆网址的功能，对于以前曾访问的网址，输入网址的前几个字母，地址栏就会自动出现下拉列表显示以这几个字母开头的完整 URL 可供选择，如图 6-44 所示。

图 6-44　登录"大连理工大学"网站首页

步骤 2　选择"工具"|"文件"|"另存为"命令，如图 6-45 所示，打开"保存网页"对话框。

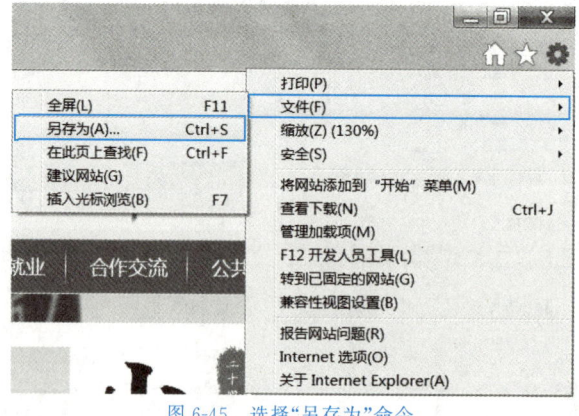

图 6-45　选择"另存为"命令

步骤 3　如图 6-46 所示，在"保存网页"对话框中选择保存网页文件保存的位置，在"文件名"文本框中输入要保存的文件名，单击"保存"按钮。

步骤 4　保存在桌面上的是一个 HTML 文件和同名文件夹，网页文件中插入的图片或其他对象都保存在这个同名文件夹下。

图 6-46 "保存网页"对话框

3.搜索并下载 QQ

步骤 1 打开 IE 浏览器,在 IE 浏览器的地址栏中输入百度搜索引擎的网址,按 Enter 键打开百度首页。

步骤 2 在搜索文本框中输入关键字 QQ,单击"百度一下"按钮,在网页中显示全部结果,如图 6-47 所示。

图 6-47 搜索结果

189

步骤 3 在"百度"搜到 QQ 信息后,选择"腾讯 qq 门户-腾讯首页"官网,然后在打开的 QQ 官网主页中单击右侧"QQ"链接,如图 6-48 所示。

图 6-48 QQ 官网主页面

步骤 4 在打开的网页中选择"下载"页面,选择需要的 QQ 版本,然后在对应的 QQ 版本下方单击"下载"按钮,如图 6-49 所示。

图 6-49 下载页面

步骤 5 此处选择 QQ PC 版。打开"新建下载"对话框,选择文件保存路径,单击"下载"按钮,开始下载文件。

步骤 6 如果下载的文件比较大或需经常下载资料,可选择安装专门的下载工具,如"迅雷""网际快车"等,这些下载软件可使下载速度明显加快,并且支持断点接续。

巩固与提高练习

1. 打开素材文件夹任务2\index.htm 网页浏览，在当前文件夹下新建文件"table.doc"，将网页中"彩色电视国际制式"表格复制到"table.doc"中保存。

2. 打开素材文件夹任务2\index.htm 网页浏览，在当前文件夹下新建文本文件"论文.txt"，将网页论文《数字化对中国电视未来管理的影响》全部文字复制到"论文.txt"中保存。

参考文献

[1] 杨桂,柏世兵.计算机文化基础[M].3版.大连:大连理工大学出版社,2021.
[2] 高万萍,唐自君,王德俊.计算机应用基础实训指导(Windows 10+Office 2016)[M].北京:清华大学出版社,2019.
[3] 肖盛文,石慧升,戴琴.大学计算机应用基础实训指导(Windows 10+Office 2016)[M].上海:上海交通大学出版社,2010.